与 2018 年《煤矿安全培训规定》配套

煤矿从业人员安全生产再培训教材

主　编　李建辉

副主编　张宗光　赵培育　焦方杰

参　编　左运霞　张宏升　吴　强

陈之元　赵文哲　张士勇

胡　院　徐维彬　苏富强

中国矿业大学出版社

内 容 提 要

本书是按照《安全生产培训管理办法》和《煤矿安全培训规定》的要求，根据煤矿安全生产的特点和煤矿从业人员再培训的需求而编写的。本书主要介绍了新的煤矿安全法律法规，煤矿安全管理新方法，煤矿开采新技术、新工艺和新设备，煤矿五大灾害危险源及预防措施，新的煤矿事故案例分析等内容。本书适用于煤矿从业人员安全生产再培训，也可供煤矿管理人员和工程技术人员参考。

图书在版编目(CIP)数据

煤矿从业人员安全生产再培训教材/李建辉主编.

徐州：中国矿业大学出版社，2018.10（重印）

ISBN 970 7 5646 - 1822 - 3

Ⅰ.①煤… Ⅱ.①李… Ⅲ.①矿山安全—技术培训—教材 Ⅳ.TD7

中国版本图书馆 CIP 数据核字(2013)第 036990 号

书　　名　煤矿从业人员安全生产再培训教材

主　　编　李建辉

责任编辑　郭　玉

出版发行　中国矿业大学出版社有限责任公司

（江苏省徐州市解放南路　邮编 221008）

营销热线　(0516)83885307　83884995

出版服务　(0516)83885767　83884920

网　　址　http://www.cumtp.com　**E-mail**：cumtpvip@cumtp.com

印　　刷　徐州中矿大印发科技有限公司

开　　本　850×1168　1/32　**印张** 7.5　**字数** 193 千字

版次印次　2017 年 10 月第 1 版　2018 年 10 月第 2 次印刷

定　　价　25.00 元

前　言

为贯彻2018年3月1日施行的《煤矿安全培训规定》对煤矿从业人员再培训的新要求，我们按照国家安全生产监督管理总局和国家煤矿安全监察局发布的《煤矿从业人员安全生产培训大纲（试行）》编写了这本《煤矿从业人员安全生产再培训教材》。

《煤矿从业人员安全生产培训大纲（试行）》规定，煤矿企业应对本煤矿的从业人员每年进行一次再培训，其内容包括：有关安全生产方面的新的法律、法规、国家标准、行业标准、规程和规范，有关煤矿生产的新技术、新工艺、新设备和新材料及其安全技术要求，典型事故案例分析。本书主要介绍了新的煤矿安全法律法规，煤矿安全管理新方法，煤矿开采新技术、新工艺和新设备，煤矿五大灾害危险源及预防措施，典型的煤矿事故案例分析等内容，既遵照《煤矿从业人员安全生产培训大纲（试行）》的要求，又突出反映了当前煤矿从业人员培训的新规定。

本书在内容选取上注重煤矿从业人员安全生产初次培训和再培训的互相衔接，不是煤矿从业人员安全生产初次培训内容的简单重复，而是在初次培训的基础上对煤矿从业人员进行更新知识，提高新技能。本书与《煤矿从业人员安全生产培训教材》一起形成了完整的煤矿从业人员安全生产培训教材体系。这两本书可单独使用，但配合使用效果更好。

本书在内容上突出“新”，主要介绍了最近几年新修订或颁布的法律法规、行业标准，最具推广趋势的新技术、新工艺和新设备，新管理方法和典型事故案例。

本书注重理论与实践相结合，每章最后都安排了实践总结与提高的专题，引导学员在学习的过程中做到学习与实践相结合，及时总结本矿的实际情况。

本书由李建辉担任主编，由张宗光、赵培育、焦方杰担任副主编，全书最后由李建辉进行审定。本书在编写过程中得到了大屯煤电（集团）有限责任公司、中国平煤神马集团、河南能化集团、冀中能源峰峰集团、晋城煤业集团、山东能源枣庄矿业集团、淮北矿业集团、四川省煤炭产业集团、华亭煤业集团、神华集团等单位的大力支持，在此表示衷心的感谢！在本书编写过程中，作者参考了大量文献资料，在此对其作者表示诚挚的谢意。

作者的电子邮箱为：tianyiwenhua111@126.com。

作　者

2018 年 8 月

目 录

第一章　新的煤矿安全法律法规

第一节　煤矿安全生产的重要法律法规

一、《中共中央 国务院关于推进安全生产领域改革发展的意见》

2016年12月9日，《中共中央 国务院关于推进安全生产领域改革发展的意见》(以下简称《意见》)发布实施，以中共中央、国务院名义印发安全生产方面的文件，历史上是第一次，充分体现了以习近平同志为核心的党中央对安全生产工作的高度重视，也标志着我国安全生产领域的改革发展将迎来一个新的春天。

《意见》架构宏大，立意深远，内涵丰富。全文共6部分、30条，从进一步明确安全生产总体要求、健全落实安全生产责任制、改革安全监管监察体制、大力推进依法治理、建立安全预防控制体系、加强安全基础保障能力建设等方面提出了一系列改革举措和任务要求。

1.《意见》出台的背景

党的十八大以来，党中央、国务院空前重视安全生产工作，习近平总书记7次主持中央政治局常委会和1次中央政治局专题学习会，就安全生产工作发表重要讲话，先后30余次作出重要批示。党的历次重要会议都对安全生产工作作出重要部署。2016年10

月 11 日，习近平总书记主持召开中央全面深化改革领导小组第 28 次会议审议通过了《意见》。12 月 9 日，中共中央、国务院以中发[2016]32 号文件正式印发，并于 12 月 18 日向社会公开发布。

《意见》以习近平总书记关于安全生产系列重要论述和讲话精神为指导，顺应全面建成小康社会的发展形势，总结实践经验，吸收创新成果，借鉴国外有益做法，坚持目标和问题导向，科学谋划了安全生产领域改革发展蓝图。《意见》深刻阐述了安全生产重大理论与现实问题，既指明战略方向，部署了"过河"的任务，又明确战术要求，指导如何解决"桥或船"的问题。《意见》围绕解决安全生产体制、机制发展等深层次问题，提出了加强和改进安全生产工作的一系列重大改革举措和任务要求，是当前和今后一个时期全国安全生产工作的行动指南，对于推动我国安全生产工作整体水平的提升具有重大里程碑意义。

2.《意见》的精神要旨

《意见》确定的安全生产领域改革发展的基本要求和大的方向可基本概括为坚守一条红线、把握两个导向、坚持五项原则。

坚守一条红线。党的十八大之后，习近平总书记首先明确提出并一再强调，发展绝不能以牺牲安全为代价，这是一条不可逾越的红线。《意见》在"指导思想"中对此作了突出的强调。应当说，总书记讲的这条红线是确保人民生命财产安全和经济社会全面健康发展的保障线，是各级党委政府及社会各方面重视和加强安全生产工作的责任线，也是贯穿《意见》全部内容的主线，是指导我国安全生产工作的大方向、大逻辑。

把握两个导向。《意见》提出的各项改革举措和政策制度，都是紧紧围绕目标导向和问题导向所确定的。

一是目标导向。站在新的历史起点上，面对安全生产事业发展的新形势、新情况、新要求，党中央、国务院审时度势，在《意见》中提出了到2020年实现安全生产总体水平与全面建成小康社会相适应、到2030年实现安全生产治理能力和治理体系现代化的目标任务。这“两步走”战略目标明确了安全生产领域改革发展的主要方向和时间路线，既相互承接，又各有侧重。所谓相互承接，是要按序前进，积极顺应我国经济发展的大势，顺应社会主义现代化建设“两个百年”目标的实现，坚持标本兼治，不断推动我国安全生产工作的整体水平；所谓各有侧重，是指两个目标的侧重点不同，第一个目标主要解决与全面建成小康社会不适应的问题，全力控制生产安全事故总量，全力遏制重特大事故的频繁发生，使广大人民群众切实感受到安全环境的改善和安全感的提高；第二个目标是在完成第一个目标的基础上，取得安全生产工作更加稳固、更加本质的进步，实现安全生产法制、体制、机制、制度和手段体系的科学、成熟和现代化。目标引领方向、目标凝聚共识、目标汇聚力量。我们要紧紧围绕党中央、国务院确定的目标任务，调动各方面力量，一步一个脚印地推进安全生产改革发展不断向既定目标迈进。

二是问题导向。在深入分析和汲取近年发生的重特大事故教训的基础上，《意见》聚焦和着力解决9个方面的问题：① 一些地方“党政同责、一岗双责、齐抓共管、失职追责”规定不明确、安全生产责任不明晰不落实的问题。② 安全监管体制不顺、职能交叉、存在监管漏洞和薄弱环节的问题。③ 安全生产法治不彰及法规标准体系不健全、有法不遵、执法不严的问题。④ 防范工作不科学、不系统、不持续和企业主体责任不落实的问题。⑤ 职业健康监管体系不健全、能力不足的问题。⑥ 应急救援管理体系不完善的问题。⑦ 安全生产基础薄弱的问题。⑧ 市场机制不完善、激励约束作用不强的问题。⑨ 公众安全意识淡薄和从业人员安全技能素质偏低的问题。《意见》明确的改革发展思路和措施，就是基于解决这些矛盾问题而制定的，具有很强的针对性和操作性。我们在贯彻落实的过程中，要注重发挥问题导向的推动作用，用实招、求实效，依靠严密的责任体系、严格的法治措施、有效的体制机制、有力的基础保障和完善的系统治理，不断破解安全生产难题，大力提升我国安全生产治理整体能力。

坚持五项原则。《意见》提出的推进安全生产领域改革发展的五项基本原则，全面贯彻了“五位一体”总体布局和“四个全面”战略布局的部署，体现了五大发展理念的要求，是进一步加强安全生产工作的根本遵循。这五项基本原则是坚持安全发展，坚持改革创新，坚持依法监管，坚持源头防范，坚持系统治理。

二、《中华人民共和国安全生产法》

中华人民共和国第十二届全国人民代表大会常务委员会第十次会议通过了《全国人民代表大会常务委员会关于修改〈中华人民共和国安全生产法〉的决定》，新修订的《中华人民共和国安全生产法》自 2014 年 12 月 1 日起施行。

1.《安全生产法》的立法目的

(1) 加强安全生产的监督管理

近年来，我国安全生产形势严峻，重大、特大生产安全事故时有发生，因此有必要根据我国安全生产的实际情况和国家安全生产监督管理体制的调整，加强对安全生产的监督管理，规范生产经营单位的安全生产行为。

(2) 防止和减少生产安全事故，保障人民群众生命和财产安全

通过制定《安全生产法》，从法律制度上规范生产经营单位的安全生产行为，确立保障安全生产的法定措施。以国家强制力保

障这些法律制度和措施得到严格贯彻执行，防止和减少生产安全事故的发生。

(3) 促进经济发展

安全生产的最终目的是保证生产经营单位生产经营活动的正常进行，不是单纯为安全而安全。因此，制定《安全生产法》，防止和减少生产经营单位的生产安全事故，使生产经营活动安全、健康地进行，将会促进经济的发展。

2. 新《安全生产法》的十大亮点

2014 年 8 月 31 日公布的新《安全生产法》，认真贯彻落实习近平总书记关于安全生产工作一系列重要指示精神，从强化安全生产工作的摆位、进一步落实生产经营单位主体责任、政府安全监管定位和加强基层执法力量、强化安全生产责任追究等四个方面入手，着眼于安全生产的现实问题和发展要求，补充完善了相关法律制度规定，主要有十大亮点。

(1) 坚持以人为本，推进安全发展

新《安全生产法》提出安全生产工作应当以人为本，充分体现了习近平总书记等中央领导同志关于安全生产工作一系列重要指示精神，对于坚守发展决不能以牺牲人的生命为代价这条红线，牢固树立以人为本、生命至上的理念，正确处理重大险情和事故应急救援中"保财产"还是"保人命"的问题，具有重大意义。为强化安全生产工作的重要地位，明确安全生产在国民经济和社会发展中的重要地位，推进安全生产形势持续稳定好转，新《安全生产法》将坚持安全发展写入了总则。

(2) 建立完善安全生产方针和工作机制

新《安全生产法》确立了"安全第一、预防为主、综合治理"的安全生产工作"十二字方针"，明确了安全生产的重要地位、主体任务和实现安全生产的根本途径。“安全第一”要求从事生产经营活动必须把安全放在首位，不能以牺牲人的生命、健康为代价换取发展和效益。“预防为主”要求把安全生产工作的重心放在预防上，强化隐患排查治理，打非治违，从源头上控制、预防和减少生产安全事故。“综合治理”要求运用行政、经济、法治、科技等多种手段，充分发挥社会、职工、舆论监督各个方面的作用，抓好安全生产工作。坚持“十二字方针”，总结实践经验，新《安全生产法》明确要求建立生产经营单位负责、职工参与、政府监管、行业自律、社会监督的机制，进一步明确各方安全生产职责。做好安全生产工作，落实生产经营单位主体责任是根本，职工参与是基础，政府监管是关键，行业自律是发展方向，社会监督是实现预防和减少生产安全事故目标的保障。

（3）落实“三个必须”，明确安全监管部门执法地位

按照“三个必须”（管业务必须管安全、管行业必须管安全、管生产经营必须管安全）的要求，新《安全生产法》一是规定国务院和县级以上地方人民政府应当建立健全安全生产工作协调机制，及时协调、解决安全生产监督管理中存在的重大问题。二是明确国务院和县级以上地方人民政府安全生产监督管理部门实施综合监督管理，有关部门在各自职责范围内对有关行业、领域的安全生产工作实施监督管理，并将其统称负有安全生产监督管理职责的部门。三是明确各级安全生产监督管理部门和其他负有安全生产监督管理职责的部门作为执法部门，依法开展安全生产行政执法工作，对生产经营单位执行法律、法规、国家标准或者行业标准的情况进行监督检查。

（4）明确乡镇人民政府以及街道办事处、开发区管理机构的安全生产职责

乡镇街道是安全生产工作的重要基础，有必要在立法层面明确其安全生产职责，同时，针对各地经济技术开发区、工业园区的安全监管体制不顺、监管人员配备不足、事故隐患集中、事故多发等突出问题，新《安全生产法》明确：乡、镇人民政府以及街道办事处、开发区管理机构等地方人民政府的派出机关应当按照职责，加强对本行政区域内生产经营单位安全生产状况的监督检查，协助上级人民政府有关部门依法履行安全生产监督管理职责。

(5) 进一步强化生产经营单位的安全生产主体责任

做好安全生产工作，落实生产经营单位主体责任是根本。新《安全生产法》把明确安全责任、发挥生产经营单位安全生产管理机构和安全生产管理人员作用作为一项重要内容，作出四个方面的重要规定：一是明确委托规定的机构提供安全生产技术、管理服务的，保证安全生产的责任仍然由本单位负责；二是明确生产经营单位的安全生产责任制的内容，规定生产经营单位应当建立相应的机制，加强对安全生产责任制落实情况的监督考核；三是明确生产经营单位的安全生产管理机构以及安全生产管理人员履行的七项职责；四是规定矿山、金属冶炼建设项目和用于生产、储存危险物品的建设项目竣工投入生产或者使用前，由建设单位负责组织对安全设施进行验收。

(6) 建立事故预防和应急救援制度

新《安全生产法》把加强事前预防和事故应急救援作为一项重要内容：一是生产经营单位必须建立生产安全事故隐患排查治理制度，采取技术、管理措施及时发现并消除事故隐患，并向从业人员通报隐患排查治理情况的制度。二是政府有关部门要建立健全重大事故隐患治理督办制度，督促生产经营单位消除重大事故隐患。三是对未建立隐患排查治理制度、未采取有效措施消除事故隐患的行为,设定了严格的行政处罚。四是赋予负有安全监管职责的部门对拒不执行执法决定、有发生生产安全事故现实危险的生产经营单位依法采取停电、停供民用爆炸物品等措施,强制生产经营单位履行决定。五是国家建立应急救援基地和应急救援队伍,建立全国统一的应急救援信息系统。生产经营单位应当依法制定应急预案并定期演练。参与事故抢救的部门和单位要服从统一指挥,根据事故救援的需要组织采取告知、警戒、疏散等措施。

(7) 建立安全生产标准化制度

安全生产标准化是在传统的安全质量标准化基础上,根据当前安全生产工作的要求、企业生产工艺特点,借鉴国外现代先进安全管理思想,形成的一套系统的、规范的、科学的安全管理体系。2010 年《国务院关于进一步加强企业安全生产工作的通知》(国发〔2010〕23 号)、2011 年《国务院关于坚持科学发展安全发展促进安全生产形势持续稳定好转的意见》(国发〔2011〕40 号)均对安全生产标准化工作提出了明确的要求。近年来矿山、危险化学品等高危行业企业安全生产标准化取得了显著成效,工贸行业领域的标准化工作正在全面推进,企业本质安全生产水平明显提高。结合多年的实践经验,新《安全生产法》在总则部分明确提出推进安全生产标准化工作,这必将对强化安全生产基础建设,促进企业安全生产水平持续提升产生重大而深远的影响。

(8) 推行注册安全工程师制度

为解决中小企业安全生产"无人管、不会管"的问题,促进安全生产管理人员队伍朝着专业化、职业化方向发展,国家自 2004 年以来实施了全国注册安全工程师执业资格统一考试。新《安全生产法》确立了注册安全工程师制度,并从两个方面加以推进:一是危险物品的生产、储存单位以及矿山、金属冶炼单位应当有注册安全工程师从事安全生产管理工作，鼓励其他生产经营单位聘用注册安全工程师从事安全生产管理工作；二是建立注册安全工程师按专业分类管理制度，授权国务院有关部门制定具体实施办法。

(9) 推进安全生产责任保险制度

新《安全生产法》通过引入保险机制，促进安全生产，规定国家鼓励生产经营单位投保安全生产责任保险。安全生产责任保险具有其他保险所不具备的特殊功能和优势：一是增加事故救援费用和第三人（事故单位从业人员以外的事故受害人）赔付的资金来源，有助于减轻政府负担，维护社会稳定。目前有的地区政府还提供了一部分资金作为对事故死亡人员家属的补偿。二是有利于现行安全生产经济政策的完善和发展。2005 年起实施的高危行业风险抵押金制度存在缴存标准高、占用资金大、缺乏激励作用等不足，目前湖南、上海等省市已经通过地方立法允许企业自愿选择责任保险或者风险抵押金，受到企业的广泛欢迎。三是通过保险费率浮动、引进保险公司参与企业安全管理，可以有效促进企业加强安全生产工作。

(10) 加大对安全生产违法行为的责任追究力度

一是规定了事故行政处罚和终身行业禁入。第一，将行政法规的规定上升为法律条文，按照两个责任主体、四个事故等级，设立了对生产经营单位及其主要负责人的八项罚款处罚明文。第二，大幅提高对事故责任单位的罚款金额：一般事故罚款 20 万至 50 万，较大事故 50 万至 100 万，重大事故 100 万至 500 万，特别重大事故 500 万至 1000 万；特别重大事故的情节特别严重的，罚款 1000 万至 2000 万。第三，进一步明确主要负责人对重大、特别重大事故负有责任的，终身不得担任本行业生产经营单位的主要负责人。

二是加大罚款处罚力度。结合各地区经济发展水平、企业规模等实际，新《安全生产法》维持罚款下限基本不变、将罚款上限提高了2至5倍，并且大多数罚则不再将限期整改作为前置条件。反映了“打非治违”、“重典治乱”的现实需要，强化了对安全生产违法行为的震慑力，也有利于降低执法成本、提高执法效能。

三是建立了严重违法行为公告和通报制度。要求负有安全生产监督管理部门建立安全生产违法行为信息库，如实记录生产经营单位的违法行为信息；对违法行为情节严重的生产经营单位，应当向社会公告，并通报行业主管部门、投资主管部门、国土资源主管部门、证券监督管理部门和有关金融机构。

三、《中华人民共和国矿山安全法》

《中华人民共和国矿山安全法》(以下简称《矿山安全法》)于1992年11月7日由第七届全国人民代表大会常务委员会第二十八次会议通过，由国家主席以第65号令发布，自1993年5月1日起施行。这是我国自新中国成立以来的第一部矿山安全法。其立法目的是：为了保障矿山生产安全，防止矿山事故，保护矿山职工的人身安全，促进采矿工业健康发展。

2009年8月27日第十一届全国人民代表大会常务委员会第十次会议通过的《全国人民代表大会常务委员会关于修改部分法律的决定》对《矿山安全法》第四十六条、第四十七条进行了修订。修订后《矿山安全法》第四十六、四十七条为：

第四十六条　矿山企业主管人员违章指挥、强令工人冒险作业，因而发生重大伤亡事故的，依照刑法有关规定追究刑事责任。

第四十七条　矿山企业主管人员对矿山事故隐患不采取措施，因而发生重大伤亡事故的，依照刑法有关规定追究刑事责任。

《矿山安全法》共八章50条。第一章总则，第二章矿山建设的安全保障，第三章矿山开采的安全保障，第四章矿山企业的安全管理，第五章矿山安全的监督和管理，第六章矿山事故处理，第七章法律责任，第八章附则。其主要内容包括：矿山建设工程的安全设施必须和主体工程同时设计、同时施工、同时投入生产和使用；矿井的通风系统、供电系统、提升运输系统、防水排水系统、防火灭火系统、防瓦斯和防煤尘系统等必须符合矿山安全规程和行业技术规范；矿山企业职工有权对危害安全的行为，提出批评、检举、控告；矿山企业必须对职工进行安全教育培训，未经安全教育培训的，不得上岗作业；矿山企业安全生产的特种作业人员必须接受专门培训，经考核合格取得操作资格证书后，方可上岗作业；矿长必须经过考核，具备安全专业知识，具有领导安全生产和处理矿山事故的能力；矿山企业必须对瓦斯爆炸、煤尘爆炸、冲击地压、瓦斯突出、火灾、水害、冒顶等危害安全的事故隐患采取预防措施；已投入生产的矿山企业，不具备安全生产条件而强行开采的，要责令限期整改，逾期仍不具备安全生产条件的，责令停产整顿或吊销其采矿许可证和执照；矿山企业主管人员违章指挥、强令工人冒险作业，因而发生重大伤亡事故的，或对矿山事故隐患不采取措施，因而发生重大伤亡事故的，依照刑法规定追究刑事责任等。

四、《中华人民共和国煤炭法》

《中华人民共和国煤炭法》（以下简称《煤炭法》）于1996年8月29日第八届全国人民代表大会常务委员会第二十一次会议通过，由国家主席签发第75号令发布，1996年12月1日起施行。这是我国第一部煤炭法。2009年8月27日第十一届全国人民代表大会常务委员会第十次会议《全国人民代表大会常务委员会关于修改部分法律的决定》对《煤炭法》中明显不适应社会主义市场经济和社会发展要求的规定作出修改:“第二十条,‘征用’修改为‘征收’。第七十六条,‘治安管理处罚条例’修改为‘治安管理处罚法’。第七十八条、第七十九条,‘依照刑法第×条的规定’、‘比照刑法第×条的规定’修改为‘依照刑法有关规定’。”经过本次修订,《煤炭法》第二十、七十六、七十八、七十九条为:

第二十条 煤矿建设使用土地,应当依照有关法律、行政法规的规定办理。征收土地的,应当依法支付土地补偿费和安置补偿费,做好迁移居民的安置工作。

第七十六条 有下列行为之一的,由公安机关依照治安管理处罚法的有关规定处罚;构成犯罪的,由司法机关依法追究刑事责任:

(一)阻碍煤矿建设,致使煤矿建设不能正常进行的;

(二)故意损坏煤矿矿区的电力、通讯、水源、交通及其他生产设施的;

(三)扰乱煤矿矿区秩序,致使生产、工作不能正常进行的;

(四)拒绝、阻碍监督检查人员依法执行职务的。

第七十八条 煤矿企业的管理人员违章指挥、强令职工冒险作业,发生重大伤亡事故的,依照刑法有关规定追究刑事责任。

第七十九条 煤矿企业的管理人员对煤矿事故隐患不采取措施予以消除,发生重大伤亡事故的,依照刑法有关规定追究刑事责任。

根据2011年4月22日第十一届全国人民代表大会常务委员会第二十次会议《关于修改〈中华人民共和国煤炭法〉的决定》,对《煤炭法》进行了修改:“将第四十四条修改为‘煤矿企业应当依法为职工参加工伤保险缴纳工伤保险费。鼓励企业为井下作业职工办理意外伤害保险,支付保险费。’”国家主席令第四十五号予以公布，自2011年7月1日起施行。

2013年6月29日，第十二届全国人民代表大会常务委员会第三次会议决定，对《中华人民共和国煤炭法》进行了修改。

2013年《煤炭法》修改后取消了煤炭生产许可证和煤炭经营许可证，对企业很有好处。过去，煤炭生产企业必须办理煤炭生产许可证才能生产，煤炭生产、经营企业必须办理煤炭经营许可证才能进行正常的煤炭经营。煤炭法修改后，结束了煤炭生产许可证和煤炭经营许可证制度，国家煤炭主管部门对于煤炭生产企业和煤炭经营企业的生产经营干预继续减少，煤炭生产企业不会因为没有煤炭生产许可证而无法生产，煤炭生产、经营企业也不会因为没有煤炭经营许可证而无法从事煤炭经营了。生产企业只要安全通过验收达标，不需要办理煤炭生产许可证就可以生产了；对于煤炭生产、经营企业不再需要办理煤炭经营许可证就可以从事煤炭经营了。这无疑给煤炭生产企业松了绑，有利于煤炭生产经营企业，轻装上阵，平等地参与煤炭生产和煤炭经营，平等地参与煤炭市场竞争。煤炭生产、交易的市场化程度进一步提高。

2013年《煤炭法》修改后煤炭经营许可证不复存在，标志着煤炭交易的市场化程度进一步提高。过去，由于国家对办理煤炭经营许可证的限制，给煤炭经营企业造成了很多不便，影响了煤炭交易市场化进程。一是，很多企业有志于从事煤炭经营，因煤炭主管部门不予办理煤炭经营许可证，致使无法从事煤炭经营。二是，由于办理煤炭经营许可证门槛较高，办理程序很繁琐，办理周期比较长，很多有志于煤炭经营的企业被拒之门外，不利于煤炭市场的平等竞争。三是，由于国家发放煤炭经营许可证数量的限制，造成能够从事煤炭交易的企业数量有限，出现了煤炭经营领域的相对垄断，这对于完善市场经济体制无疑是一个严重的障碍。四是，煤炭经营许可证取消后,国家对煤炭交易的控制和干预就减少了,愿意进行煤炭贸易的企业就可以不受约束的参与煤炭市场交易了,公开、公平、公正、平等的市场竞争环境就可以建立了,煤炭交易的市场化程度自然而然就提高了,煤炭交易的完全市场化就可以迎刃而解了。

五、新修订《刑法》中有关安全生产的内容

2011年2月25日,第十一届全国人民代表大会常务委员会第十九次会议通过《中华人民共和国刑法修正案(八)》。《刑法》中有关安全生产犯罪行为处理的内容节录如下:

第一百三十四条 在生产、作业中违反有关安全管理的规定,因而发生重大伤亡事故或者造成其他严重后果的,处三年以下有期徒刑或者拘役;情节特别恶劣的,处三年以上七年以下有期徒刑。

强令他人违章冒险作业,因而发生重大伤亡事故或者造成其他严重后果的,处五年以下有期徒刑或者拘役;情节特别恶劣的,处五年以上有期徒刑。

第一百三十五条 安全生产设施或者安全生产条件不符合国家规定,因而发生重大伤亡事故或者造成其他严重后果的,对直接负责的主管人员和其他直接责任人员,处三年以下有期徒刑或者拘役;情节特别恶劣的,处三年以上七年以下有期徒刑。

举办大型群众性活动违反安全管理规定,因而发生重大伤亡事故或者造成其他严重后果的,对直接负责的主管人员和其他直接责任人员,处三年以下有期徒刑或者拘役;情节特别恶劣的,处三年以上七年以下有期徒刑。

第一百三十六条 违反爆炸性、易燃性、放射性、毒害性、腐蚀性物品的管理规定,在生产、储存、运输、使用中发生重大事故,造成严重后果的，处三年以下有期徒刑或者拘役；后果特别严重的，处三年以上七年以下有期徒刑。

第一百三十七条　建设单位、设计单位、施工单位、工程监理单位违反国家规定，降低工程质量标准，造成重大安全事故的，对直接责任人员，处五年以下有期徒刑或者拘役，并处罚金；后果特别严重的，处五年以上十年以下有期徒刑，并处罚金。

第一百三十八条　明知校舍或者教育教学设施有危险，而不采取措施或者不及时报告，致使发生重大伤亡事故的，对直接责任人员，处三年以下有期徒刑或者拘役；后果特别严重的，处三年以上七年以下有期徒刑。

第一百三十九条　违反消防管理法规，经消防监督机构通知采取改正措施而拒绝执行，造成严重后果的，对直接责任人员，处三年以下有期徒刑或者拘役；后果特别严重的，处三年以上七年以下有期徒刑。

在安全事故发生后，负有报告职责的人员不报或者谎报事故情况，贻误事故抢救，情节严重的，处三年以下有期徒刑或者拘役；情节特别严重的，处三年以上七年以下有期徒刑。

第三百四十三条　违反矿产资源法的规定，未取得采矿许可证擅自采矿，擅自进入国家规划矿区、对国民经济具有重要价值的矿区和他人矿区范围采矿，或者擅自开采国家规定实行保护性开采的特定矿种，情节严重的，处三年以下有期徒刑、拘役或者管制，并处或者单处罚金；情节特别严重的，处三年以上七年以下有期徒刑，并处罚金。

违反矿产资源法的规定，采取破坏性的开采方法开采矿产资源，造成矿产资源严重破坏的，处五年以下有期徒刑或者拘役，并处罚金。

第三百九十七条 国家机关工作人员滥用职权或者玩忽职守，致使公共财产、国家和人民利益遭受重大损失的，处三年以下有期徒刑或者拘役；情节特别严重的，处三年以上七年以下有期徒刑。本法另有规定的，依照规定。

国家机关工作人员徇私舞弊，犯前款罪的，处五年以下有期徒刑或者拘役；情节特别严重的，处五年以上十年以下有期徒刑。本法另有规定的，依照规定。

第四百一十条 国家机关工作人员徇私舞弊，违反土地管理法规，滥用职权，非法批准征用、占用土地，或者非法低价出让国有土地使用权，情节严重的，处三年以下有期徒刑或者拘役；致使国家或者集体利益遭受特别重大损失的，处三年以上七年以下有期徒刑。

第四百一十七条 有查禁犯罪活动职责的国家机关工作人员，向犯罪分子通风报信、提供便利，帮助犯罪分子逃避处罚的，处三年以下有期徒刑或者拘役；情节严重的，处三年以上十年以下有期徒刑。

六、《中华人民共和国职业病防治法》

《中华人民共和国职业病防治法》(以下简称《职业病防治法》)2001年10月7日通过，2002年5月1日起施行；该法第一次修订自2011年12月31日起施行；第二次修订自2016年7月2日起施行。第三次修订自2017年11月5日起施行。

《职业病防治法》2016年修订情况如下：

1. 修改内容

(1) 将第十七条第一款修改为：“新建、扩建、改建建设项目和技术改造、技术引进项目(以下统称建设项目)可能产生职业病危害的，建设单位在可行性论证阶段应当进行职业病危害预评价。”

增加一款，作为第二款："医疗机构建设项目可能产生放射性职业病危害的，建设单位应当向卫生行政部门提交放射性职业病危害预评价报告。卫生行政部门应当自收到预评价报告之日起三十日内，作出审核决定并书面通知建设单位。未提交预评价报告或者预评价报告未经卫生行政部门审核同意的，不得开工建设。"

(2) 将第十八条第二款修改为："建设项目的职业病防护设施设计应当符合国家职业卫生标准和卫生要求；其中，医疗机构放射性职业病危害严重的建设项目的防护设施设计，应当经卫生行政部门审查同意后，方可施工。"

第三款修改为："建设项目在竣工验收前，建设单位应当进行职业病危害控制效果评价。"

增加一款，作为第四款："医疗机构可能产生放射性职业病危害的建设项目竣工验收时，其放射性职业病防护设施经卫生行政部门验收合格后，方可投入使用；其他建设项目的职业病防护设施应当由建设单位负责依法组织验收，验收合格后，方可投入生产和使用。安全生产监督管理部门应当加强对建设单位组织的验收活动和验收结果的监督核查。"

(3) 删去第十九条。

(4) 第六十八条改为第六十七条，将其中的"安全生产监督管理部门"修改为"卫生行政部门、安全生产监督管理部门"。

(5) 第七十条改为第六十九条，修改为："建设单位违反本法规定，有下列行为之一的，由安全生产监督管理部门和卫生行政部门依据职责分工给予警告，责令限期改正；逾期不改正的，处十万元以上五十万元以下的罚款；情节严重的，责令停止产生职业病危害的作业，或者提请有关人民政府按照国务院规定的权限责令停建、关闭：

“（一）未按照规定进行职业病危害预评价的；

“（二）医疗机构可能产生放射性职业病危害的建设项目未按照规定提交放射性职业病危害预评价报告，或者放射性职业病危害预评价报告未经卫生行政部门审核同意，开工建设的；

“（三）建设项目的职业病防护设施未按照规定与主体工程同时设计、同时施工、同时投入生产和使用的；

“（四）建设项目的职业病防护设施设计不符合国家职业卫生标准和卫生要求，或者医疗机构放射性职业病危害严重的建设项目的防护设施设计未经卫生行政部门审查同意擅自施工的；

“（五）未按照规定对职业病防护设施进行职业病危害控制效果评价的；

“（六）建设项目竣工投入生产和使用前，职业病防护设施未按照规定验收合格的。”

（6）删去第八十四条。

2. 修订改内容解读

（1）2016 年《职业病防治法》是在什么样的背景下修订的？

党的十八大报告提出深化行政审批制度改革，继续简政放权，推动政府职能转变。新一届中央政府成立以来，多次召开国务院常务会议，重点落在简政放权上，把该放的权力放出去，能取消的要尽量取消，直接放给市场和社会。在这样一个大背景下，国务院决定取消建设项目职业卫生“三同时”相关的行政审批许可和强制中介服务事项，并向全国人民代表大会常务委员会提出了修法建议。2016 年 7 月 2 日第十二届全国人民代表大会常务委员会第二十一次会议通过对《中华人民共和国职业病防治法》作出的修改。

（2）新《职业病防治法》第十七条规定：建设单位在可行性论

证阶段应当进行职业病危害预评价。不需要再向安全监管部门提交预评价报告。第十八条第三款规定:“建设项目在竣工验收前,建设单位应当进行职业病危害控制效果评价。”而不再是“建设项目竣工验收时,其职业病防护设施经安全生产监督管理部门验收合格后,方可投入正式生产和使用”。生产企业该如何理解这些新的规定?

此次《职业病防治法》的修改,主要是为了着力降低制度性交易成本,激发市场活力和社会创造力,有利于用人单位职业病防治主体责任的落实。

用人单位在项目建设期间,仍然需要开展职业病危害预评价、职业病防护设施设计、职业病危害控制效果评价和竣工验收工作。用人单位应当确保这些工作结果符合《职业病防治法》及相关法规标准的要求,并对这些工作的结果负责。安全监管部门不再对这些工作的结果进行许可,但应当加强对这些工作程序和结果的监督核查。

(3) 对于安全生产监管部门来说,《职业病防治法》修改后,有哪些工作发生了变化?下一步该如何监督企业做好职业病危害评价工作?

此次《职业病防治法》修改对于安全监管部门来说,需要转变建设项目职业卫生“三同时”工作的理念和方式,要从政府部门“端菜”变为人民群众“点菜”,要以群众需求为导向,从反映突出问题入手,从过去的行政许可为主转变为以监督执法为主。下一步主要工作有:

一是国家安全生产监管总局正在对《建设项目职业卫生“三同时”监督管理暂行办法》进行修改,重点是增加监督执法相关内容;各级安全监管部门也要做好相关规定的修改准备工作。

二是要按照国务院相关要求实施公正监管。推进安全监管体制改革，加快构建事中事后监管体系。全面推开“双随机、一公开”监管，抓紧建立随机抽查事项清单、检查对象名录库和执法检查人员名录库，制定随机抽查工作细则，要充分体现监管的公平性、规范性和简约性。

三是要严格执法。要始终坚持法律面前人人平等，没有例外。发现建设项目存在违法违规行为的，不论涉及什么企业、什么人，都要一视同仁，依法依规严肃处理。要坚持把劳动者的职业健康放在首位，勇于担当，敢于执法，严格按照《职业病防治法》进行处理，树立法制权威。

四是要加强宣传、引导舆论。各级安全监管部门要充分利用各类媒体，采取多种形式，加强对新修改的《职业病防治法》及相关规章的宣传工作，宣传好建设项目职业卫生“三同时”工作的重要意义、具体要求和保障措施。要培养、总结、推广一批在职业病危害控制方面取得良好效果的先进典型，曝光一批职业病危害严重、“脏乱差”的企业，强化示范引领和警示教育，营造有利的舆论氛围。

(4) 此次修法删除了原法中第十九条的规定，是不是意味着职业卫生技术服务机构不需要再由安全监管部门进行资质认定？如果是，职业卫生技术服务机构的资质及从业行为该如何规范？

新修改的《职业病防治法》将原法中第十九条删除，建设项目职业病危害评价工作(含预评价和控制效果评价)可以由建设单位自行组织人员或委托其他单位开展。但新修改的《职业病防治法》中第二十六条中规定，用人单位应按照国务院安全生产监督管理部门的规定，定期对工作场所进行职业病危害因素检测、评价。职业病危害因素检测、评价，由依法设立的取得国务院安全生产监督管理部门或者设区的市级以上地方人民政府安全生产监督管理部门，按照职责分工，给予资质认可的职业卫生技术服务机构进行。因此，安全生产监督管理部门仍有职责对职业卫生技术服务机构进行资质认可。

另外，当前我国职业病危害形势依然十分严峻，职业病危害因素种类多、分布广，职业病危害接触人数、病例数和新增病例数，以及近年新增职业病例数仍呈上升趋势，而且职业卫生技术服务具有专业性和技术性强等特点，绝大部分建设单位不具有开展相关工作的基础条件和技术能力。因此，我们积极鼓励职业卫生技术机构为建设单位职业卫生“三同时”工作提供技术服务。

根据新修改的《职业病防治法》，制定职业卫生技术服务机构资质的认可标准和程序，保证机构拥有必要的仪器设备和专业技术人员、较完善的实验室基础条件、较强的检测、评价能力和完善的质量控制体系。定期对职业卫生技术服务机构进行抽查，发现违法违规问题严格查处，保障职业卫生技术服务机构从业行为的规范性。

(5) 此次《职业病防治法》修改后，如何理解安全监管部门和卫生行政部门的职责划分？

《关于职业卫生监管部门职责分工的通知》(中编办〔2010〕104号)明确了国家卫生行政、安全监管、人力资源和社会保障和工会4个部门、单位的职业卫生监管职责分工。卫生行政部门的职责有以下7项：

一是负责会同国家安全监管总局、人力资源和社会保障部等有关部门拟订职业病防治法律法规、职业病防治规划，组织制定发布国家职业卫生标准。二是负责监督管理职业病诊断与鉴定工作。三是组织开展重点职业病监测和专项调查，开展职业健康风险评估，研究提出职业病防治对策。四是负责化学品毒性鉴定、个人剂量监测、放射防护器材和含放射性产品检测等技术服务机构资质认定和监督管理；审批承担职业健康检查、职业病诊断的医疗卫生机构并进行监督管理，规范职业病的检查和救治；会同相关部门加强职业病防治机构建设。五是负责医疗机构放射性危害控制的监督管理。六是负责职业病报告的管理和发布，组织开展职业病防治科学研究。七是组织开展职业病防治法律法规和防治知识的宣传教育，开展职业人群健康促进工作。

原国家安全监管总局的职责有以下 6 项：

一是起草职业卫生监管有关法规，制定用人单位职业卫生监管相关规章。组织拟订国家职业卫生标准中的用人单位职业危害因素工程控制、职业防护设施、个体职业防护等相关标准。

二是负责用人单位职业卫生监督检查工作，依法监督用人单位贯彻执行国家有关职业病防治法律法规和标准情况。组织查处职业危害事故和违法违规行为。

三是负责新建、改建、扩建工程项目和技术改造、技术引进项目的职业卫生“三同时”审查及监督检查。负责监督管理用人单位职业危害项目申报工作。

四是负责依法管理职业卫生安全许可证的颁发工作。负责职业卫生检测、评价技术服务机构的资质认定和监督管理工作。组织指导并监督检查有关职业卫生培训工作。

五是负责监督检查和督促用人单位依法建立职业危害因素检测、评价、劳动者职业健康监护、相关职业卫生检查等管理制度；监督检查和督促用人单位提供劳动者健康损害与职业史、职业危害接触关系等相关证明材料。

六是负责汇总、分析职业危害因素检测、评价、劳动者职业健康监护等信息，向相关部门和机构提供职业卫生监督检查情况。

人力资源和社会保障部的职责有以下几项：

一是负责劳动合同实施情况监管工作，督促用人单位依法签订劳动合同。

二是根据职业病诊断结果，做好职业病人的社会保障工作。

全国总工会的职责是依法参与职业危害事故调查处理，反映劳动者职业健康方面的诉求，提出意见和建议，维护劳动者合法权益。

因此，此次修法并未增加卫生行政部门职责。

七、《生产安全事故罚款处罚规定》(试行)

《〈生产安全事故报告和调查处理条例〉罚款处罚暂行规定》于2007年7月3日公布并开始执行；2011年进行了第一次修订；2015年进行了第二次修订，并更名为《生产安全事故罚款处罚规定》(试行)，自2015年5月1日起施行。

生产安全事故罚款处罚规定(试行)

第一条　为防止和减少生产安全事故，严格追究生产安全事故发生单位及其有关责任人员的法律责任，正确适用事故罚款的行政处罚，依照《安全生产法》、《生产安全事故报告和调查处理条例》(以下简称《条例》)的规定，制定本规定。

第二条　安全生产监督管理部门和煤矿安全监察机构对生产安全事故发生单位(以下简称事故发生单位)及其主要负责人、直接负责的主管人员和其他责任人员等有关责任人员依照《安全生产法》和《条例》实施罚款的行政处罚，适用本规定。

第三条　本规定所称事故发生单位是指对事故发生负有责任的生产经营单位。

本规定所称主要负责人是指有限责任公司、股份有限公司的董事长或者总经理或者个人经营的投资人，其他生产经营单位的厂长、经理、局长、矿长(含实际控制人)等人员。

第四条 本规定所称事故发生单位主要负责人、直接负责的主管人员和其他直接责任人员的上一年年收入，属于国有生产经营单位的，是指该单位上级主管部门所确定的上一年年收入总额；属于非国有生产经营单位的，是指经财务、税务部门核定的上一年年收入总额。

生产经营单位提供虚假资料或者由于财务、税务部门无法核定等原因致使有关人员的上一年年收入难以确定的，按照下列办法确定：

(一) 主要负责人的上一年年收入，按照本省、自治区、直辖市上一年度职工平均工资的5倍以上10倍以下计算；

(二) 直接负责的主管人员和其他直接责任人员的上一年年收入，按照本省、自治区、直辖市上一年度职工平均工资的1倍以上5倍以下计算。

第五条 《条例》所称的迟报、漏报、谎报和瞒报，依照下列情形认定：

(一) 报告事故的时间超过规定时限的，属于迟报；

(二) 因过失对应当上报的事故或者事故发生的时间、地点、类别、伤亡人数、直接经济损失等内容遗漏未报的，属于漏报；

(三) 故意不如实报告事故发生的时间、地点、初步原因、性质、伤亡人数和涉险人数、直接经济损失等有关内容的，属于谎报；

(四) 隐瞒已经发生的事故，超过规定时限未向安全监管监察部门和有关部门报告，经查证属实的，属于瞒报。

第六条 对事故发生单位及其有关责任人员处以罚款的行政

处罚，依照下列规定决定：

（一）对发生特别重大事故的单位及其有关责任人员罚款的行政处罚，由国家安全生产监督管理总局决定；

（二）对发生重大事故的单位及其有关责任人员罚款的行政处罚，由省级人民政府安全生产监督管理部门决定；

（三）对发生较大事故的单位及其有关责任人员罚款的行政处罚，由设区的市级人民政府安全生产监督管理部门决定；

（四）对发生一般事故的单位及其有关责任人员罚款的行政处罚，由县级人民政府安全生产监督管理部门决定。

上级安全生产监督管理部门可以指定下一级安全生产监督管理部门对事故发生单位及其有关责任人员实施行政处罚。

第七条　对煤矿事故发生单位及其有关责任人员处以罚款的行政处罚，依照下列规定执行：

（一）对发生特别重大事故的煤矿及其有关责任人员罚款的行政处罚，由国家煤矿安全监察局决定；

（二）对发生重大事故和较大事故的煤矿及其有关责任人员罚款的行政处罚，由省级煤矿安全监察机构决定；

（三）对发生一般事故的煤矿及其有关责任人员罚款的行政处罚，由省级煤矿安全监察机构所属分局决定。

上级煤矿安全监察机构可以指定下一级煤矿安全监察机构对事故发生单位及其有关责任人员实施行政处罚。

第八条　特别重大事故以下等级事故，事故发生地与事故发生单位所在地不在同一个县级以上行政区域的，由事故发生地的安全生产监督管理部门或者煤矿安全监察机构依照本规定第六条或者第七条规定的权限实施行政处罚。

第九条　安全生产监督管理部门和煤矿安全监察机构对事故

发生单位及其有关责任人员实施罚款的行政处罚，依照《安全生产违法行为行政处罚办法》规定的程序执行。

第十条 事故发生单位及其有关责任人员对安全生产监督管理部门和煤矿安全监察机构给予的行政处罚，享有陈述、申辩的权利；对行政处罚不服的，有权依法申请行政复议或者提起行政诉讼。

第十一条 事故发生单位主要负责人有《安全生产法》第一百零六条、《条例》第三十五条规定的下列行为之一的，依照下列规定处以罚款：

（一）事故发生单位主要负责人在事故发生后不立即组织事故抢救的，处上一年年收入100％的罚款；

（二）事故发生单位主要负责人迟报事故的，处上一年年收入60％至80％的罚款；漏报事故的，处上一年年收入40％至60％的罚款；

（三）事故发生单位主要负责人在事故调查处理期间擅离职守的，处上一年年收入80％至100％的罚款。

第十二条 事故发生单位有《条例》第三十六条规定行为之一的，依照《国家安全监管总局关于印发〈安全生产行政处罚自由裁量标准〉的通知》（安监总政法〔2010〕137号）等规定给予罚款。

第十三条 事故发生单位的主要负责人、直接负责的主管人员和其他直接责任人员有《安全生产法》第一百零六条和《条例》第三十六条规定的下列行为之一的，依照下列规定处以罚款：

（一）伪造、故意破坏事故现场，或者转移、隐匿资金、财产，销毁有关证据、资料，或者拒绝接受调查，或者拒绝提供有关情况和资料，或者在事故调查中作伪证，或者指使他人作伪证的，处上一年年收入80％至90％的罚款；

（二）谎报、瞒报事故或者事故发生后逃匿的，处上一年年收入100%的罚款。

第十四条　事故发生单位对造成3人以下死亡，或者3人以上10人以下重伤（包括急性工业中毒，下同），或者300万元以上1 000万元以下直接经济损失的一般事故负有责任的，处20万元以上50万元以下的罚款。

事故发生单位有本条第一款规定的行为且有谎报或者瞒报事故情节的，处50万元的罚款。

第十五条　事故发生单位对较大事故发生负有责任的，依照下列规定处以罚款：

（一）造成3人以上6人以下死亡，或者10人以上30人以下重伤，或者1 000万元以上3 000万元以下直接经济损失的，处50万元以上70万元以下的罚款；

（二）造成6人以上10人以下死亡，或者30人以上50人以下重伤，或者3 000万元以上5 000万元以下直接经济损失的，处70万元以上100万元以下的罚款。

事故发生单位对较大事故发生负有责任且有谎报或者瞒报情节的，处100万元的罚款。

第十六条　事故发生单位对重大事故发生负有责任的，依照下列规定处以罚款：

（一）造成10人以上15人以下死亡，或者50人以上70人以下重伤，或者5 000万元以上7 000万元以下直接经济损失的，处100万元以上300万元以下的罚款；

（二）造成15人以上30人以下死亡，或者70人以上100人以下重伤，或者7 000万元以上1亿元以下直接经济损失的，处300万元以上500万元以下的罚款。

事故发生单位对重大事故发生负有责任且有谎报或者瞒报情节的，处500万元的罚款。

第十七条　事故发生单位对特别重大事故发生负有责任的，依照下列规定处以罚款：

（一）造成30人以上40人以下死亡，或者100人以上120人以下重伤，或者1亿元以上1.2亿元以下直接经济损失的，处500万元以上1 000万元以下的罚款；

（二）造成40人以上50人以下死亡，或者120人以上150人以下重伤，或者1.2亿元以上1.5亿元以下直接经济损失的，处1 000万元以上1 500万元以下的罚款；

（三）造成50人以上死亡，或者150人以上重伤，或者1.5亿元以上直接经济损失的，处1 500万元以上2 000万元以下的罚款。

事故发生单位对特别重大事故负有责任且有下列情形之一的，处2 000万元的罚款：

（一）谎报特别重大事故的；

（二）瞒报特别重大事故的；

（三）未依法取得有关行政审批或者证照擅自从事生产经营活动的；

（四）拒绝、阻碍行政执法的；

（五）拒不执行有关停产停业、停止施工、停止使用相关设备或者设施的行政执法指令的；

（六）明知存在事故隐患，仍然进行生产经营活动的；

（七）一年内已经发生2起以上较大事故，或者1起重大以上事故，再次发生特别重大事故的；

（八）地下矿山矿领导没有按照规定带班下井的。

第十八条　事故发生单位主要负责人未依法履行安全生产管理职责，导致事故发生的，依照下列规定处以罚款：

（一）发生一般事故的，处上一年年收入30%的罚款；

（二）发生较大事故的，处上一年年收入40%的罚款；

（三）发生重大事故的，处上一年年收入60%的罚款；

（四）发生特别重大事故的，处上一年年收入80%的罚款。

第十九条　个人经营的投资人未依照《安全生产法》的规定保证安全生产所必需的资金投入，致使生产经营单位不具备安全生产条件，导致发生生产安全事故的，依照下列规定对个人经营的投资人处以罚款：

（一）发生一般事故的，处2万元以上5万元以下的罚款；

（二）发生较大事故的，处5万元以上10万元以下的罚款；

（三）发生重大事故的，处10万元以上15万元以下的罚款；

（四）发生特别重大事故的，处15万元以上20万元以下的罚款。

第二十条　违反《条例》和本规定，事故发生单位及其有关责任人员有两种以上应当处以罚款的行为的，安全生产监督管理部门或者煤矿安全监察机构应当分别裁量，合并作出处罚决定。

第二十一条　对事故发生负有责任的其他单位及其有关责任人员处以罚款的行政处罚，依照相关法律、法规和规章的规定实施。

第二节　煤矿安全规章及标准

一、《煤矿企业安全生产许可证实施办法》

《煤矿企业安全生产许可证实施办法》已经2015年12月22

日国家安全生产监督管理总局局长办公会议审议通过，自 2016 年 4 月 1 日起施行。

2016 年修订情况如下：

1. 修订的必要性

修订后的该办法自 2017 年 3 月 6 日起施行。

国家对煤矿生产实行安全许可制度，是优化安全生产资源配置、规范煤炭生产秩序、提高煤矿本质安全化程度和安全保障能力、促进煤矿安全生产的有效手段。《煤矿企业安全生产许可证实施办法》(原国家安全生产监督管理总局令第 8 号，以下简称 8 号令)颁布施行十余年来，对严格煤矿安全许可，提升煤矿安全生产准入水平，遏制煤矿重特大事故发挥了重要作用。随着《安全生产法》等法律、法规和规章的修订出台，亟待对 8 号令进行修订。

2. 修订的总体思路

本次修订工作是在全面推进依法治国、依法行政、依法监察的大背景下进行的，立足于严格按照《安全生产法》等一系列法律法规要求办事，力求解决基层十多年来在安全许可工作中遇到的突出问题。

一是严格依法许可。全部条款均根据《安全生产法》、《职业病防治法》、《安全生产许可证条例》等一系列有关煤矿安全许可的法律法规进行了斟酌完善，很多条款根据最新的法律条文的表述和《煤矿安全规程》的要求进行了修改。

二是解决突出问题。根据基层较为集中的建议，删除了对矿井动态安全条件审查和取证后动态监管的条款，发证只审查矿井静态安全生产条件，将矿井取证后持续保持安全生产条件的纳入煤矿安全监察机构日常的监察执法内容；简化了审查资料；删除了

"征得煤矿企业所在地人民政府安全生产监督管理部门或者有关部门同意"的表述,发证不再征求地方政府意见等。

三是坚持与时俱进。当前的煤矿安全生产状况与2004年8号令颁布时发生了巨大变化,一些条款明显不合时宜,有的与上位法冲突,如《国务院关于预防煤矿生产安全事故的特别规定》等,有的涉及其他部门的职权,如地方监管部门、监察机关等。这些条款均作出了相应修订。

3. 修订的主要内容

(1) 取消对企业发证。按照国务院关于深化行政体制改革、加快转变政府职能、取消和下放一批行政审批项目的要求,根据《安全生产许可证条例》的有关规定,取消了对管理煤矿的企业发证,在第三条中明确了"煤矿申请、省级发证、属地监管"的安全生产许可证颁发管理工作原则,并增加一款,明确煤矿以矿(井、露天坑)为单位申请办理安全生产许可证,一矿(井、露天坑)一证。对不具备独立法人资格的,由其具有法人资格的上级主管单位申请办理安全生产许可证。法规名称相应修改为《煤矿企业安全生产许可证实施办法》。

(2) 修订审查内容。参照新《安全生产法》、即将出台的新版《煤矿安全规程》等法律、法规、规章,对矿井安全生产条件的表述进行了修改完善。主要是,将"安全生产责任制"改为"安全生产与职业病危害防治责任制",将制定领导带班下井、井下劳动组织定员、隐患排查治理、隐蔽致灾因素普查制度,设置防治煤与瓦斯突出、防治水机构,装备井下安全避险"六大系统"等新规定新要求纳入了审查条件,在安全生产许可证直接延期条款中增加安全质量标准化达标要求等。

(3) 发证不再征求地方政府意见。原8号令第十七条规定,

“安全生产许可证颁发管理机关应在征得煤矿企业所在地人民政府安全生产监督管理部门或者有关部门同意后，指派有关人员对申请材料和安全生产条件进行审查”。该条款增加了发证前置条件，不符合中央取消和下放行政审批事项的有关要求，予以删除。

(4) 简化审查资料。第九条中减少了部分申请材料，如将许可证申请书一式三份改为一份，各种安全生产责任制的复制件改为主要负责人安全生产责任制的复制件和其他岗位安全生产责任制目录清单等。

(5) 完善了延期和变更条款。一是在第十九条中明确“未因降低安全生产条件被暂扣过安全生产许可证”为直接发证的条件之一，并增加了“矿井瓦斯等级、煤层自燃倾向性、煤尘爆炸危险性、矿井水文地质类型、冲击地压等开采技术条件未发生变化”和“煤矿安全质量标准化等级达到三级及以上”两项，增强了直接延期的可操作性。二是在第二十条中增加了“变更经济类型”、“变更核定生产能力”和“矿井瓦斯等级、煤层自燃倾向性、煤尘爆炸危险性、矿井水文地质类型、冲击地压等开采技术条件发生变化”三种变更情形。

(6) 删除部分条款内容。一是原三十三条“煤矿安全监察分局及未设立煤矿安全监察机构的市级人民政府指定的负责煤矿安全监察工作的部门负责本行政区域内取得安全生产许可证的煤矿企业的日常监督检查，并将监督检查中发现的问题及时报告安全生产许可证颁发管理机关”。二是原三十八条“监察机关依照《中华人民共和国行政监察法》的规定，对安全生产许可证颁发管理机关及其工作人员履行《安全生产许可证条例》和本实施办法规定的职责实施监察”。三是原四十二条“取得安全生产许可证的煤矿企业不符合本实施办法第六条至第十二条规定的安全生产条件之一的，予以警告，责令整改，并处1万元以上3万元以下罚款"，与《煤矿安全监察条例》、《国务院关于预防煤矿生产安全事故的特别规定》等法规不一致，予以删除。四是部分属于取证后需要动态检查的条款，如原第十三条中"瓦斯检测仪器定期校验并由有资质的检测机构鉴定"，"采取综合预防煤层自燃发火的措施"等。

2017的修订是将2016年公布的该办法的第六条第七项修改为："制定应急救援预案，并按照规定设立矿山救护队，配备救护装备；不具备单独设立矿山救护队条件的煤矿企业，所属煤矿应当设立兼职救护队，并与邻近的救护队签订救护协议"。

二、《煤矿领导带班下井及安全监督检查规定》

2010年9月7日，国家安全生产监督管理总局以第33号令公布了《煤矿领导带班下井及安全监督检查规定》，该规定经2010年8月30日国家安监总局局长办公会议审议通过，自2010年10月7日起施行。本规定共分五章二十六条，是依据《国务院关于进一步加强企业安全生产工作的通知》和有关法律、行政法规的规定制定的旨在落实煤矿领导带班下井制度等的规定。本规定所称的煤矿领导，是指煤矿的主要负责人、领导班子和副总工程师。对于通过任何方式替代矿领导带班下井的现象，国家有关部门都会严肃处理。没有领导带班，矿工有权不下井。

2015年6月8日国家安全生产监督管理总局局长办公会议通过了修改《煤矿领导带班下井及安全监督检查规定》的决议，修订后的该规定自2015年7月1日起施行。下面划线的是本次修订涉及的条文。

煤矿领导带班下井及安全监督检查规定

第一章　总则

第一条　为落实煤矿领导带班下井制度，根据《国务院关于进一步加强企业安全生产工作的通知》(国发[2010]23号)和有关法律、行政法规的规定，制定本规定。

第二条　煤矿领导带班下井和县级以上地方人民政府煤炭行业管理部门、煤矿安全生产监督管理部门(以下分别简称为煤炭行业管理部门、煤矿安全监管部门)，以及煤矿安全监察机构对其实施监督检查，适用本规定。

第三条　煤炭行业管理部门是落实煤矿领导带班下井制度的主管部门，负责督促煤矿抓好有关制度的建设和落实。

煤矿安全监管部门对煤矿领导带班下井进行日常性的监督检查，对煤矿违反带班下井制度的行为依法作出现场处理或者实施行政处罚。

煤矿安全监察机构对煤矿领导带班下井实施国家监察，对煤矿违反带班下井制度的行为依法作出现场处理或者实施行政处罚。

第四条　本规定所称的煤矿，是指煤矿生产矿井和新建、改建、扩建、技术改造、资源整合重组等建设矿井及其施工单位。

本规定所称煤矿领导，是指煤矿的主要负责人、领导班子成员和副总工程师。

建设矿井的领导，是指煤矿建设单位和从事煤矿建设的施工单位的主要负责人、领导班子成员和副总工程师。

第五条　煤矿是落实领导带班下井制度的责任主体，每班必须有矿领导带班下井，并与工人同时下井、同时升井。

煤矿的主要负责人对落实领导带班下井制度全面负责。

煤矿集团公司应当加强对所属煤矿领导带班下井的情况实施监督检查。

第六条　任何单位和个人对煤矿领导未按照规定带班下井或者弄虚作假的，均有权向煤炭行业管理部门、煤矿安全监管部门、煤矿安全监察机构举报和报告。

第二章　带班下井

第七条　煤矿应当建立健全领导带班下井制度，并严格考核。带班下井制度应当明确带班下井人员、每月带班下井的个数、在井下工作时间、带班下井的任务、职责权限、群众监督和考核奖惩等内容。

煤矿的主要负责人每月带班下井不得少于5个。

煤矿领导带班下井时，其领导姓名应当在井口明显位置公示。煤矿领导每月带班下井工作计划的完成情况，应当在煤矿公示栏公示，接受群众监督。

第八条　煤矿领导带班下井制度应当按照煤矿的隶属关系报送所在地煤炭行业管理部门，同时抄送煤矿安全监管部门和驻地煤矿安全监察机构。

第九条　煤矿领导带班下井时，应当履行下列职责：

（一）加强对采煤、掘进、通风等重点部位、关键环节的检查巡视，全面掌握当班井下的安全生产状况；

（二）及时发现和组织消除事故隐患和险情，及时制止违章违纪行为，严禁违章指挥，严禁超能力组织生产；

（三）遇到险情时，立即下达停产撤人命令，组织涉险区域人员及时、有序撤离到安全地点。

第十条　煤矿领导带班下井实行井下交接班制度。

上一班的带班领导应当在井下向接班的领导详细说明井下安全状况、存在的问题及原因、需要注意的事项等，并认真填写交接班记录簿。

第十一条 煤矿应当建立领导带班下井档案管理制度。

煤矿领导升井后，应当及时将下井的时间、地点、经过路线、发现的问题及处理情况、意见等有关情况进行登记，并由专人负责整理和存档备查。

煤矿领导带班下井的相关记录和煤矿井下人员定位系统存储信息保存期不少于一年。

第十二条 煤矿没有领导带班下井的，煤矿从业人员有权拒绝下井作业。煤矿不得因此降低从业人员工资、福利等待遇或者解除与其订立的劳动合同。

第三章 监督检查

第十三条 煤炭行业管理部门应当加强对煤矿领导带班下井的日常管理和督促检查。煤矿安全监管部门应当将煤矿建立并执行领导带班下井制度作为日常监督检查的重要内容，每季度至少对所辖区域煤矿领导带班下井执行情况进行一次监督检查。

煤矿领导带班下井执行情况应当在当地主要媒体向社会公布，接受社会监督。

第十四条 煤矿安全监察机构应当将煤矿领导带班下井制度执行情况纳入年度监察执法计划，每年至少进行两次专项监察或者重点监察。

煤矿领导带班下井的专项监察或者重点监察的情况应当报告上一级煤矿安全监察机构，并通报有关地方人民政府。

第十五条 煤炭行业管理部门、煤矿安全监管部门、煤矿安全监察机构对煤矿领导带班下井情况进行监督检查，可以采取现场随机询问煤矿从业人员、查阅井下交接班及下井档案记录、听取煤矿从业人员反映、调阅煤矿井下人员定位系统监控记录等方式。

第十六条　煤炭行业管理部门、煤矿安全监管部门、煤矿安全监察机构对煤矿领导带班下井情况进行监督检查时，重点检查下列内容：

（一）是否建立健全煤矿领导带班下井制度，包括井下交接班制度和带班下井档案管理制度；

（二）煤矿领导特别是煤矿主要负责人带班下井情况；

（三）是否制订煤矿领导每月轮流带班下井工作计划以及工作计划执行、公示、考核和奖惩等情况；

（四）煤矿领导带班下井在井下履行职责情况，特别是重大事故隐患和险情的处置情况；

（五）煤矿领导井下交接班记录、带班下井档案等情况；

（六）群众举报有关问题的查处情况。

第十七条　煤炭行业管理部门、煤矿安全监管部门、煤矿安全监察机构应当建立举报制度，公开举报电话、信箱或者电子邮件地址，受理有关举报；对于受理的举报，应当认真调查核实；经查证属实的，依法从重处罚。

第四章　法律责任

第十八条　煤矿有下列情形之一的，给予警告，并处 3 万元罚款；对煤矿主要负责人处 1 万元罚款：

（一）未建立健全煤矿领导带班下井制度的；

（二）未建立煤矿领导井下交接班制度的；

（三）未建立煤矿领导带班下井档案管理制度的；

（四）煤矿领导每月带班下井情况未按照规定公示的；

（五）未按规定填写煤矿领导下井交接班记录簿、带班下井记录或者保存带班下井相关记录档案的。

第十九条 煤矿领导未按规定带班下井，或者带班下井档案虚假的，责令改正，并对该煤矿处15万元的罚款，对违反规定的煤矿领导按照擅离职守处理，对煤矿主要负责人处1万元的罚款。

第二十条 对发生事故而没有煤矿领导带班下井的煤矿，依法责令停产整顿，暂扣或者吊销煤矿安全生产许可证，并依照下列规定处以罚款；情节严重的，提请有关人民政府依法予以关闭：

（一）发生一般事故的，处50万元的罚款；

（二）发生较大事故的，处100万元的罚款；

（三）发生重大事故的，处500万元的罚款；

（四）发生特别重大事故的，处2000万元的罚款。

第二十一条 对发生事故而没有煤矿领导带班下井的煤矿，对其主要负责人依法暂扣或者吊销其安全资格证，并依照下列规定处以罚款：

（一）发生一般事故的，处上一年年收入30%的罚款；

（二）发生较大事故的，处上一年年收入40%的罚款；

（三）发生重大事故的，处上一年年收入60%的罚款；

（四）发生特别重大事故的，处上一年年收入80%的罚款。

煤矿的主要负责人未履行《安全生产法》规定的安全生产管理职责，导致发生生产安全事故，受到刑事处罚或者撤职处分的，自刑罚执行完毕或者受处分之日起，5年内不得担任任何生产经营单位的主要负责人；对重大、特别重大生产安全事故负有责任的，终身不得担任煤矿的主要负责人。

第二十二条 本规定的行政处罚，由煤矿安全监管部门、煤矿安全监察机构依照各自的法定职权决定。

第五章　附则

第二十三条　省级煤炭行业管理部门会同煤矿安全监管部门可以依照本规定制定实施细则，报国家安全生产监督管理总局、国家煤矿安监局备案。

第二十四条　中央企业所属煤矿按照分级属地管理原则，由省（市、区）、设区的市人民政府煤炭行业管理部门、煤矿安全监管部门和煤矿安全监察机构负责监督监察。

第二十五条　露天煤矿领导带班下井参照本规定执行。

第二十六条　本规定自2010年10月7日起施行。

三、《煤矿安全规程》

2016年2月25日，国家安全生产监督管理总局以第87号总局令颁布了新修订的《煤矿安全规程》。新修订的《煤矿安全规程》自2016年10月1日起施行。

1. 修订的背景和重要意义

现行《煤矿安全规程》系2001年版本，已实施15年，对规范煤矿安全生产、提升安全保障水平起到了重要作用。虽历经几次局部的、个别的技术条文修订，但随着中国特色社会主义市场经济的推进，煤炭科技的进步，特别是随着煤矿安全保障能力、现代企业管理水平、管理模式的提升和完善，以及国民经济社会发展的要求，亟须对《煤矿安全规程》进行全面系统修订。

一是强化红线意识、体现安全发展理念。这十几年间，我国经济总量已经跃居世界第二位，科技创新能力增强，技术进步速度加快，管理水平大幅度提升，特别是科学发展观和安全发展理念的确立，"以人为本""生命至上"的意识得到坚决的贯彻和践行。习近平总书记强调，人命关天，发展决不能以牺牲人的生命为代价，这必须作为一条不可逾越的红线。2020年，我国全面建成小康社会,安全生产形势也必须实现根本好转。煤矿死亡人数大幅度下降,重特大事故得到有效遏制,职业危害得到控制,百万吨死亡率达到中等发达国家水平是煤矿安全生产根本好转的重要标志。

二是贯彻落实依法治安、强化企业主体责任。十几年来,我国煤矿安全生产法律法规体系建设逐步完善。1992 年颁布《矿山安全法》、2000 年国务院颁布《煤矿安全监察条例》、2002 年颁布实施了《安全生产法》并于 2014 年进行了重新修订、2002 年颁布实施了《职业病防治法》并于 2011 年再次进行了修订。这些法律法规在煤矿安全生产中的执行和落实,都是通过《煤矿安全规程》加以体现。与此同时,随着煤炭行业管理体制、机制的改革,顺应行政许可简化的要求,政府和企业的相关职能产生了新的变化,《煤矿安全规程》需要适时进行调整。

三是做好与专业规章、标准的衔接。原国家安全生产监督管理总局先后颁布了《防治煤与瓦斯突出规定》等专业规章。随着煤炭工业十余年的发展和安全管理水平的提高,还新制定和修订了 200 多部煤炭行业标准,这些规章、标准有的与《煤矿安全规程》不尽一致,甚至出现一些矛盾、“打架”现象,导致企业和执法人员无所适从。

四是推进新工艺、新技术、新装备、新材料的应用。一方面,近年来,随着煤炭工业的高速发展,生产工艺的进步、科技装备创新提高、安全管理水平的提升、“四新”的大量采用,很多高效的、成熟的且被实践证明行之有效和业内广泛认可的工艺和技术极大地提升了煤矿的生产能力和安全保障能力,解放了煤矿生产力(如井下无人值守、矿井辅助运输技术、露天矿抛掷爆破等),这些都需要《煤矿安全规程》修订加以规范,体现科技进步。另一方面,一批不符合煤矿安全生产要求的技术、工艺、装备需要借《煤矿安全规程》

修订的时机加以严格限制、逐步淘汰。

五是总结事故教训、体现预防为主。修订《煤矿安全规程》是在吸取事故教训，总结一个时期以来工作经验的基础上完成的。一些煤矿事故尤其是重特大事故调查处理过程中暴露出在安全生产和技术管理方面的漏洞和不合理因素，如瓦斯防治措施不落实、致灾因素普查治理不到位、非正规开采、多井筒出煤等。查找影响煤矿安全生产的危险因素和事故隐患，应做出相应的修改和规定。

伴随煤炭产业结构调整，新修订的《煤矿安全规程》以更加全面、科学、实用的面貌颁布实施，从而更好地反映煤矿安全生产的客观规律，体现煤炭行业科技进步，更加有利于促进煤炭工业持续健康发展。

2. 修订原则

《煤矿安全规程》修订主要坚持以下基本原则。

一是突出依法依规、预防为主原则。遵循国家安全生产和煤炭行业颁布的方针政策和法律法规，认真总结吸取近十几年来的煤矿事故教训，坚持“安全第一、预防为主、综合治理”的方针，体现经济社会发展要求和科学技术进步水平，落实煤矿企业主体责任，为实现煤炭行业健康快速发展提供有力保障。

二是提高保安性和可操作性原则。《煤矿安全规程》既要充分体现保障安全生产的基本要求，即“红线”不能突破，又要符合当前经济社会发展要求和煤矿生产力发展水平，具有可操作性特点。所有条款都坚持基于在煤矿企业能实现、可执行、用得上。《煤矿安全规程》框架以外具体的技术方法、指标等可参考各专业的相关标准、规定执行。

三是体现科学性和合理性原则。即画线指标要科学，符合市场经济和煤炭科技进步的客观规律。所有规定条款包括安全系数、气体浓度指标、设备检修频率等，既要体现科学性、求实性，又要考虑到区域地质状况和开采技术水平发展的不平衡性。

四是保持权威性和稳定性原则。《煤矿安全规程》修订并非推倒重来，重点在完善、提升、查缺补漏上下功夫，这就要求科技术语、法定计量单位、技术标准、体例格式等与国家相关要求保持一致，辞令严谨，经得起推敲和实践检验。

五是体现科技进步，鼓励新工艺、新技术、新材料、新装备的原则。随着信息化管控水平的提高，在井下某些地点甚至是重要地点推广无人值守、减人提效技术已经成为很多人的共识，即实现井下“无人则安”。《煤矿安全规程》修订确保体现先进生产力的发展方向，不迁就保护落后。

3. 修订的主要变化

《煤矿安全规程》修订后由原来的四编增加到六编；原《煤矿安全规程》共 751 条，本次修改后变为 721 条，减少 30 条，字数由 11.2万字变为 11.3 万字。修改的主要内容涉及以下七个方面。

一是突出了《煤矿安全规程》在煤矿安全及煤炭行业的主体地位，注重妥善处理《煤矿安全规程》与法律法规、部门规章、标准相衔接。对照并满足《安全生产法》《职业病防治法》对煤矿企业的安全生产责任制、安全管理制度、安全投入、从业人员权利与义务、教育培训以及职业病危害等要求，增加了应急救援等内容。

二是强化了红线意识和底线思维，依法办矿、依法管矿与依法监察并重，提高安全生产准入门槛。严格限制各类矿井的采深、同时生产水平数、矿井通风方式、突出矿井和冲击地压矿井开采，严禁非正规开采，提高了矿井通风、提升、运输、排水、压风、供电、监控、通信等系统的要求，严格机电设备选型和安全防护等要求；进一步明确了矿井安全避险系统、人员位置监测系统和井下应急广播系统的建设要求；在修订过程中，要求每一条款尽量明确、具体，删除了“可靠的”“确保”“保证”等表述，进一步增强了《煤矿安全规程》的可操作性、可执行性和可监察性。

三是调整了《煤矿安全规程》的框架结构，由四编扩增为六编，结构更趋合理。将煤矿救护拓展为应急救援，单独作为一编，从法规层面进一步要求企业强化应急处置能力，加强救援队伍、装备的建设和配备；增加了地质保障一编，注重强化煤矿灾害地质因素探测，从预防事故出发，在煤矿建设、生产活动的全过程提供基础保障。

四是突出以人为本，完善职业病危害防治。明确当瓦斯超限达到断电浓度时或发现突出预兆时，班组长、瓦斯检查工、矿调度员有权责令现场作业人员停止作业，停电撤人。完善了职业病危害防治内容，突出做好防降尘和职业健康保护工作，提高了采掘设备内外喷雾工作压力，增加了井下热害防治、作业场所噪声和有害气体监测和防护的要求，增加了职业健康监护和管理内容。注重与相关规定的一致性。

五是删除了国家明令禁止和淘汰的设备、材料和工艺技术，以及在生产过程中存在隐患的工艺技术及装备等。如吊罐式凿井法、木垛盘支护、非正规开采、单体支柱放顶煤开采、专用排瓦斯巷、使用震动爆破揭穿突出煤层、采煤工作面金属摩擦支柱、油浸式电气设备、地面临时火药库、硝化甘油类炸药、井下辅助通风机等。

六是增加了法律法规、标准文件规定的新内容，删除了非行政许可的审批、备案、评估等要求。增加了(鉴定、检测、检验)机构对其做出的结果负责、煤矿闭坑报告、安全生产许可证制度、“三同时”、突出矿井先抽后建、煤矿停工停产期间的安全措施；删除了对煤矿瓦斯等级鉴定、煤尘爆炸性鉴定、煤的自燃倾向性鉴定、放顶煤开采审批(或备案)等要求。

七是规范了适用新技术、新装备的安全要求。增加了建井期间的反井钻机、伞钻、抓岩机、挖掘机、模板台车等要求,以及机械化充填采煤、连续采煤机采煤的安全规定;增加了井下连续采煤机、综掘机、无轨胶轮车、单轨吊、无极绳牵引车、连续运输机、卡轨车等装备的安全要求,以及运煤车、铲车、梭车、履带式行走支架、锚杆钻车、给料破碎机、连续运输系统或桥式转载机等掘进机后配套设备的相关规定;增加了提升机、架空乘人装置等的安全保护要求;对无人值守做出规定,新增自动化运行的主要通风机、箕斗提升机、水泵房,可不配备专职司机,但应当定时巡检,实现地面集中监控并有视频监视的变电硐室可不设专人值班等规定;增加使用高分子材料进行安全性和环保性评估,并建立安全监测制度的要求;增加了煤矿井下电池电源和许用数码电雷管的规定。

四、《煤矿安全生产标准化考核定级办法(试行)》和《煤矿安全生产标准化基本要求与评分方法(试行)》

煤矿安全生产标准化工作是煤矿企业的基础工程、生命工程和效益工程,是构建煤矿安全生产长效机制的重要措施,是我国煤炭行业借鉴国内外先进的安全生产管理理念、方法和技术,经过多年实践探索,逐步发展形成的一整套安全生产管理体系和方法。继续深入开展煤矿安全生产标准化达标创建工作,是落实党中央、国务院关于煤炭工业安全发展、科学发展的必然要求,是全国煤矿在安全生产过程中达成的共识,是强化煤矿安全基础工作、保障煤矿生产安全的重要手段。

贯彻执行《安全生产法》关于"企业必须推进安全生产标准化建设"的规定,指导煤矿构建安全风险分级管控和事故隐患排查治理双重预防性工作机制，进一步强化煤矿安全基础，提升安全保障能力，国家煤矿安全监察局在2013年发布的《煤矿安全质量标准化考核评级办法(试行)》和《煤矿安全质量标准化基本要求及评分方法(试行)》基础上，组织制定了《煤矿安全生产标准化考核定级办法(试行)》(以下简称《定级办法》)和《煤矿安全生产标准化基本要求及评分方法(试行)》(以下简称《评分方法》)，于2017年7月1日起试行。

(1) 新标准明确了适用范围，这是出于什么考虑？

新标准是为了考核定级的，只针对生产矿井，不涉及新建、技改(包括重组整合)等矿井。新建、技改等矿井在建设、改造期间可以参照新标准开展标准化基础工作，一旦验收合格自然就转为生产矿井，进入新标准的规范范围。

(2) 与原标准相比，新标准做了哪些重要调整？基于何种考虑？

根据《安全生产法》第四条关于“生产经营单位必须推进安全生产标准化工作”的规定，新标准将原有的“煤矿安全质量标准化”改名为“煤矿安全生产标准化”。最重要的调整是新增了安全风险分级管控和事故隐患排查治理两部分。

自国家煤矿安全监察局成立以来，我国煤矿事故死亡人数逐年减少，已从10年前的每年几千人减至2016年的538人。就像拧毛巾一样，死亡人数再往下减难度增加。推动安全生产关口前移成了防范事故、减少死亡人数的重要举措。但如何前移，却一直没有系统的理论可供指导，没有切实可行的方法可供操作。

“对易发重特大事故的行业领域，要采取风险分级管控、隐患排查治理双重预防性工作机制，推动安全生产关口前移。”这是习近平总书记对安全生产工作提出的要求。这给安全生产关口前移指明了道路。鉴于“危险源—安全风险—事故隐患—事故”的推演，我们在具体工作实践中，逐渐体会到习近平总书记提出的双重预防性工作机制，既是安全生产方面的重大理论创新，又具有很强的操作性。

为了推进双重预防性工作机制在煤矿落地生根，新标准研究提出了在煤矿构建安全风险分级管控和事故隐患排查治理双重预防性工作机制的具体方法，并将其和标准化工作相结合，形成了“三位一体”工作体系，实现了对双重预防性工作机制落实情况的量化考核。

(3) 对于安全风险分级管控，执行时的难点在哪？需要把握的要点是什么？

绝大多数煤矿尤其是小煤矿在实践中并不能严格区分安全风险与事故隐患，对安全风险概念不清晰。对大多数煤矿而言，安全风险分级管控是全新的，没有相应的工作基础。

考虑到煤矿现状，我们认为现阶段工作重点应该是督促煤矿决策层尽快树立安全风险意识，而不是“一竿子捅到底”，要求所有从业人员尤其是一线职工都去参与风险辨识、管控。所以，在内容设置上，我们把相关工作的责任主体直接明确为矿长、总工程师和矿级分管负责人，不涉及煤矿操作层面的人员，全部工作内容均集中在煤矿决策层(副总工程师以上，约 15 人，各矿存在差异)。新标准实质上是要抓住关键人物，明确工作责任。

安全风险分级管控主要包括安全风险辨识评估和安全风险管控两个部分。

关于安全风险辨识评估，实际上是“1＋4”的概念。

“1”是必须做的，即年度辨识评估：每年底矿长组织开展年度安全风险辨识，重点对容易导致群死群伤事故的危险因素进行安全风险辨识评估。

"4"是选做的，不要求全部同时做，煤矿企业应根据生产布局和生产组织情况来组织开展。"4"又可分为"3＋1"。"3"是根据新《煤矿安全规程》规定提炼归纳出来的，"1"是事故之后的举一反三。

具体来说，以下情况要进行专项安全风险辨识评估：新水平、新采(盘)区、新工作面设计前；生产系统、生产工艺、主要设施设备、重大灾害因素等发生重大变化时；启封火区、排放瓦斯、突出矿井过构造带及石门揭煤等高危作业实施前，新技术、新材料试验或推广应用前，连续停工停产 1 个月以上的煤矿复工复产前；本矿发生死亡事故或涉险事故、出现重大事故隐患，或所在省份其他煤矿发生重特大事故后。

辨识的目的是为了应用。辨识后，如果不用，束之高阁，就起不到任何作用。每项辨识都要列出重大安全隐患清单，出台安全风险管控措施，以指导后续工作。

关于安全风险管控，要求矿长每月组织对重大安全风险管控措施落实情况和管控效果进行一次检查分析，分管负责人每旬组织对分管范围内月度安全风险管控重点实施情况进行一次检查分析。

在制度设计上，为了兼顾双重预防性工作机制，我们将安全风险分级管控与事故隐患排查治理相关工作的周期设为一致。

安全风险分级管控与事故隐患排查治理方面，虽然都明确要求采用信息化管理手段，但没有就信息化管理的实现方式做统一规定，目的是兼顾煤矿现有设备，避免部分基层单位向煤矿企业"吃拿卡要"，给煤矿企业增加负担。

考核由"评级"变"定级"，更重客观描述，可动态变化。

(4) 新标准的考核定级工作有何变化?

新标准将原来的考核评级改为考核定级,以突显对煤矿工作状况的客观认定,避免考核人员的主观评判。简单说,这项工作就像单位每年对职工的考核,不是主观评价,是客观描述。

新标准明确了煤矿安全生产标准化工作定位与责任主体,以及工作的时间节点特征和工作属性。煤矿生产是持续的动态过程,标准化考核结果仅能反映当时的安全生产状况,不能代表永远。为了督促煤矿企业持续保持标准化等级对应的工作标准,实现动态达标,新标准增加了"煤矿是创建并持续保持标准化达标的责任主体"的内容,明确煤矿是标准化工作的责任主体。煤矿取得的安全生产标准化等级,是煤矿安全生产标准化工作主管部门在考核定级时对煤矿按照新标准开展标准化创建工作已有成果的测定,是对煤矿执行《安全生产法》、组织开展安全生产标准化建设情况的考核认定,反映煤矿当时的安全生产状况。

(5) 考核定级是行政许可吗?

《安全生产法》第四条明确规定"生产经营单位必须推进安全生产标准化工作",所以推动标准化工作是企业的责任与义务。政府部门有责任监督企业按照《安全生产法》推行标准化工作。煤矿取得的安全生产标准化等级,是煤矿安全生产标准化工作主管部门对煤矿执行《安全生产法》组织开展安全生产标准化建设情况的考核认定,是标准化主管部门对煤矿实行分类监管的一种有效手段,其实质是一项政管理措施,不是行政许可。

(6) 对标准化达标煤矿的日常监管,与原来相比有何区别?

与原来相比,日常监管更清晰规范,有了详细具体的规定,明确了监管责任主体、工作频率。

第一，对于已经获得标准化等级的煤矿，任何一级主管部门都有权对其监管。第二，任何一级主管部门都有权降低或撤销其等级。

鉴于煤矿企业有责任保持其获得的标准化等级，新标准要求标准化达标煤矿加强日常检查，每月至少组织开展一次全面的自查，并在等级有效期内每年由隶属的煤矿企业（企业和煤矿一体的由煤矿组织）组织开展一次全面自查，并形成自查报告。

（7）矿井发生事故后，标准化等级将会如何变化？

取得等级的煤矿在考核定级后如果思想麻痹，管理松懈滑坡，风险管控和隐患排查工作不到位，是有可能发生事故的。一旦发生事故，应当对其等级进行降低或撤销处理。一级、二级煤矿发生一般事故降为三级，发生较大及以上事故时撤销其等级；三级煤矿发生一般及以上事故，撤销其等级。

（8）新标准对煤矿企业的诚信有何特殊要求？

从近两年发生的几起煤矿重特大事故不难看出，绝大多数事故涉及违法违规生产行为。为此，新标准在制度设计上，对诚信有严格的要求。

对自评材料弄虚作假的煤矿企业，煤矿安全生产标准化工作主管部门应取消其申报安全生产标准化等级的资格，认定其不达标。煤矿整改完成后方可重新申报。除了在制度设计上，在后续考核上，也要有诚信记录，要求煤矿企业对自查报告等出具承诺书。

五、《煤矿作业场所职业病危害防治规定》

为加强煤矿作业场所职业病危害的防治工作，强化煤矿企业职业病危害防治主体责任，预防、控制职业病危害，保护煤矿劳动者健康，国家安全生产监督管理总局第 73 号令公布了《煤矿作业场所职业病危害防治规定》,自2015年4月1日起施行。

《煤矿作业场所职业病危害防治规定》规定,煤矿是本企业职业病危害防治的责任主体;职业病危害防治坚持以人为本、预防为主、综合治理的方针,按照源头治理、科学防治、严格管理、依法监督的要求开展工作;煤矿应当建立健全职业病危害防治领导机构,制定职业病危害防治规划,明确职责分工和落实工作经费,加强职业病危害防治工作;煤矿应当设置或者指定职业病危害防治的管理机构,配备专职职业卫生管理人员,负责职业病危害防治日常管理工作。

2010年版的《煤矿作业场所职业危害防治规定(试行)》没有涉及法律责任的内容,导致在执行过程中大打折扣。本次修订重点增加了如下法律责任部分:

第六十四条 煤矿违反本规定,有下列行为之一的,给予警告,责令限期改正;逾期不改正的,处十万元以下的罚款:

(一)作业场所职业病危害因素检测、评价结果没有存档、上报、公布的;

(二)未设置职业病防治管理机构或者配备专职职业卫生管理人员的;

(三)未制定职业病防治计划或者实施方案的;

(四)未建立健全职业病危害防治制度的;

(五)未建立健全企业职业卫生档案或者劳动者职业健康监护档案的;

(六)未公布有关职业病防治的规章制度、操作规程、职业病危害事故应急救援措施的;

(七)未组织劳动者进行职业卫生培训,或者未对劳动者个人职业病防护采取指导、督促措施的。

第六十五条　煤矿违反本规定，有下列行为之一的，给予警告，可以并处五万元以上十万元以下的罚款：

（一）未如实申报产生职业病危害的项目的；

（二）未实施由专人负责的职业病危害因素日常监测，或者监测系统不能正常监测的；

（三）订立或者变更劳动合同时，未告知劳动者职业病危害真实情况的；

（四）未组织职业健康检查、建立职业健康监护档案，或者未将检查结果书面告知劳动者的；

（五）未在劳动者离开煤矿企业时提供职业健康监护档案复印件的。

第六十六条　煤矿违反本规定，有下列行为之一的，责令限期改正，逾期不改正的，处五万元以上二十万元以下的罚款；情节严重的，责令停止产生职业病危害的作业，或者提请有关人民政府按照国务院规定的权限责令关闭：

（一）作业场所职业病危害因素的强度或者浓度超过本规定要求的；

（二）未提供职业病防护设施和个人使用的职业病防护用品，或者提供的职业病防护设施和个人使用的职业病防护用品不符合本规定要求的；

（三）未对作业场所职业病危害因素进行检测、评价的；

（四）作业场所职业病危害因素经治理仍然达不到本规定要求时，未停止存在职业病危害因素的作业的；

（五）发生或者可能发生急性职业病危害事故时，未立即采取应急救援和控制措施，或者未按照规定及时报告的；

（六）未按照规定在产生严重职业病危害的作业岗位醒目位

置设置警示标识和中文警示说明的。

第六十七条 煤矿违反本规定,有下列情形之一的,责令限期治理,并处五万元以上三十万元以下的罚款;情节严重的,责令停止产生职业病危害的作业,或者暂扣、吊销煤矿安全生产许可证:

(一)隐瞒本单位职业卫生真实情况的;

(二)使用国家明令禁止使用的可能产生职业病危害的设备或者材料的;

(三)安排未经职业健康检查的劳动者、有职业禁忌的劳动者、未成年工或者孕期、哺乳期女职工从事接触职业病危害的作业或者禁忌作业的。

第六十八条 煤矿违反本规定,有下列行为之一的,给予警告,责令限期改正,逾期不改正的,处三万元以下的罚款:

(一)未投入职业病防治经费的;

(二)未建立职业病防治领导机构的;

(三)煤矿企业主要负责人、职业卫生管理人员和职业病危害因素监测人员未接受职业卫生培训的。

第六十九条 煤矿违反本规定,造成重大职业病危害事故或者其他严重后果,构成犯罪的,对直接负责的主管人员和其他直接责任人员,依法追究刑事责任。

第七十条 煤矿违反本规定的其他违法行为,依照《中华人民共和国职业病防治法》和其他行政法规、规章的规定给予行政处罚。

第七十一条 本规定设定的行政处罚,由煤矿安全监察机构实施。

六、《生产安全事故应急预案管理办法》

修订后的《生产安全事故应急预案管理办法》已经国家安全生

产监督管理总局第 13 次局长办公会议审议通过，自 2016 年 7 月 1 日起施行。

1. 修订背景

2009 年 3 月，国家安全监管总局颁布了《生产安全事故应急预案管理办法》（原国家安全监管总局令第 17 号，以下简称原《办法》），对加强应急预案管理工作发挥了重要作用。但随着安全生产应急管理工作的不断深化以及党中央国务院对应急管理工作要求的不断提高，原《办法》亟须修订完善：

一是应急预案工作的背景和重心发生变化。近年来经过不断探索，应急预案的定位从补充应急管理制度向完善应急准备、规范应急处置转变，工作重心从解决预案有无向提升预案质量、发挥预案实效转变。同时，安全生产体制机制改革对简化应急预案评审、备案程序提出了新的要求。为推动应急预案工作与时俱进，适应安全生产应急管理需要，有必要对原《办法》进行修订。

二是有关法律法规和国务院文件对应急预案工作提出了新的要求。新《安全生产法》对企业的应急预案主体责任、政企应急预案衔接、应急预案法律责任等作了明确规定；《国务院关于进一步加强企业安全生产工作的通知》（国发〔2010〕23 号文）、《国务院关于坚持科学发展安全发展促进安全生产形势持续稳定好转的意见》（国发〔2011〕40 号）、《国务院办公厅关于印发突发事件应急预案管理办法的通知》（国办发〔2013〕101 号，以下简称《突发事件应急预案管理办法》）等文件对应急预案功能定位、编制程序、管理责任、预案衔接提出了具体要求，进一步明确企业应急预案应当体现先期处置、自救互救的特点，强调应急预案编制应当开展风险评估和资源调查并广泛征求意见，强化政企应急预案之间的相互衔接，突出应急预案的评估修订和动态管理。而原《办法》已不适应新的要求，主要问题是重规范企业应急预案内容，轻规范应急预案编制程序；重预案内容的全面性，轻应急预案内容的实用性；重规范企业内部各类应急预案衔接，轻政企应急预案衔接；重规范应急预案的签署发布，轻应急预案的宣传教育、培训演练、动态管理。因此，需要通过修订原《办法》补充和细化相关具体要求。

三是一些重特大事故应急处置中的经验教训需要通过《办法》汲取和改进。根据天津港“8·12”特别重大火灾爆炸事故调查报告，导致事故发生和扩大的原因之一，就是瑞海公司应急预案流于形式，应急处置力量、装备严重缺乏，不具备初期火灾的扑救能力。为提高企业先期应急处置能力，近年来一些部门和企业采取了编制重点岗位应急处置卡等措施，指引从业人员在第一时间对事故的应急处置。这些措施有利于完善生产安全事故应急预案体系，有必要通过修订《办法》加以推广和实施。

2.《办法》的主要修改内容

新修订的《办法》总共包括7章、48条，对比原《办法》增加了9条。主要修改内容如下：

一是扩大了适用范围和管理原则，强调了预案的动态管理和闭环管理。二是强化了生产经营单位主要负责人职责和企业应急预案工作的主体责任。三是完善了生产经营单位应急预案体系，明确了应急预案编制程序。四是调整了应急预案编制和备案，将备案方式明确为告知性备案。五是加强应急预案实施，增加预案定期评估的内容。六是调整了相应法律责任，增加应急预案执法检查的重点内容，细化执法标准和内容，明确执法权限。

具体来讲，在应急预案编制方面：我们总结近年来开展的应急预案优化工作经验做法，重点对应急预案的编制程序和预案核心内容进行了规范。明确预案编制的基本原则，即预案编制应当以人为本、依法依规、符合实际、注重实效，以应急处置为核心，明确应急职责、规范应急程序、细化保障措施。明确预案编制的主要环节，即成立编制小组、风险评估和应急资源调查、确定应急预案体系、征求意见、评审、公布、告知等内容。

在企业应急预案内容方面：对企业专项预案的编制不再做强制要求，而是强调企业必须编制重点岗位应急处置卡。

在应急预案备案方面：按照“单一主体、告知备案”的原则，对预案备案工作进行规范。按照“管行业必须管安全”的要求，明确备案主体为行业主管部门。按照国务院简政放权的要求，明确备案为告知性备案，企业对本单位应急预案负全责，备案登记部门只对材料是否齐全进行核对。明确备案的时限要求，强化对备案登记部门工作效率的约束。

在应急预案的日常管理方面：按照“动态管理”的原则，针对近年来企业应急预案日常管理存在的“编而不用”等问题，对应急预案日常管理工作进行规范。明确各级安全生产监督管理部门要定期组织应急预案演练，及时对应急预案进行评估总结。明确各类企业特别是矿山、金属冶炼、建筑施工企业和易燃易爆物品、危险化学品等危险物品的生产、经营、储存企业、使用危险化学品达到国家规定数量的化工企业、烟花爆竹生产、批发经营企业和中型规模以上的其他生产经营单位等重点企业应当建立应急预案评估制度，三年组织一次预案评估。明确企业发生事故后应当及时对预案进行评估，强调及时评估预案、及时修订预案，确保预案的符合性。简化应急预案修订的程序，明确规定仅涉及组织指挥体系与职责、应急处置程序、主要处置措施、应急响应分级等重要内容时，方需参照本办法规定的应急预案编制程序组织进行，并按照报备程序重新备案。

在应急预案的监管执法方面：明确将预案纳入各级安全监管监察部门执法计划，强化事中、事后监管。明确了应急预案编制、应急预案演练、风险评估和应急资源调查、应急预案评审或者论证、应急预案备案、安全生产风险告知、应急预案评估、应急预案修订、应急预案规定的应急物资和装备落实等 9 条重点执法内容，并细化罚则，使得有法可依、便于执法。

3. 保证预案的科学性、针对性和可操作性

应急预案的功能定位决定了应急预案主要用于明确事前、事中、事后谁来做、做什么、何时做、用什么做。因此，一个好的应急预案必须要满足三个有效性。第一，权责分配的有效性。就要针对可能发生的事故，结合本企业的组织体系，确立最优化的运行机构，即明确需要什么样的应急机构，有哪些人参与，职责又是什么，等等。第二，应急响应的有效性。就是要针对可能发生的事故，确定最优化的应急流程和措施，即明确什么时候最该干什么、怎么干，等等。第三，资源调配的有效性。就是针对可能发生的事故，确定最优化的应急资源调配程序和方法，即明确如何保障资源、如何调集资源等内容。

应急预案的编制过程不仅关乎预案的质量，也起到完善应急准备的作用，可以说，在某种程度上比应急预案本身更为重要。因此，要确保应急预案的科学性、针对性和可操作性，就必须做到：

一是基于风险、立足现有。风险评估是预案是否实用的关键，否则预案就是无根之萍。要分析风险可能引发什么样的事故、影响范围有多大、有什么样的处置措施，当前的应急能力是否与事故处置相匹配、需要哪些应急资源、有哪些资源可以利用等等。只有把这些都分析透了，才能保证预案与生产实际的符合性、与应急机制的符合性，预案才能有针对性。

二是规范程序、全员参与。应急预案对应急事故处置，是一个完整的系统，牵涉到方方面面。《办法》在总结相关典型经验做法的基础上，归纳了成立编制小组、确定体系、编制预案、征求意见、评审和公布等编制程序。企业要认真学习、把握实质，真正抓好预案编制的过程管理。要坚持“谁用谁编、自下而上、全员参与”的原则，既要保证职责不漏、流程不漏、资源不漏，又要促进各个层级预案之间的相互衔接，为预案的最优化提供支撑。这里强调一下，从近年来的执法检查来看，应急预案的编制多为应急管理人员负责，企业管理层特别是企业负责人参与相对比较少，需要企业加以重视和改进这方面工作。

三是做实评审、严格把关。企业应急预案的评审是应急预案是否好用管用的保障。《办法》对应急预案评审的内容和基本要求作了详细规定，我们也在研究评审方面的标准。企业必须重视评审工作，可以采取桌面推演、研讨、专家评审的方式进行，检验应急预案的可行性和合规性，包括所规定的职责分工是否有效，响应分级是否符合相关法律法规的规定，应急响应程序是否科学，应急保障措施是否满足事故应对工作需要，基本要素是否齐全，与外部预案是否相互衔接，等等。

四是演练评估、动态修订。《办法》明确规定了演练评估、定期评估和事故评估等三种应急预案评估方式。企业要按照《办法》要求，重点围绕上面所讲到的权责、应急程序和措施、应急资源调配的有效性开展评估，并及时修订应急预案，真正做到常用常新。

七、《建设项目职业病防护设施“三同时”监督管理办法》

《建设项目职业病防护设施“三同时”监督管理办法》于 2017 年 1 月 10 日国家安全生产监督管理总局第 1 次局长办公会议审议通过，自 2017 年 5 月 1 日起施行。2012 年 4 月 27 日国家安全生产监督管理总局公布的《建设项目职业卫生“三同时”监督管理暂行办法》同时废止。

1. 修订背景

按照中央关于全面深化改革、加快转变政府职能的决策部署，2016年7月2日修改实施的《职业病防治法》取消了安全监管部门对建设项目职业病防护设施“三同时”行政审批事项，保留了建设单位履行建设项目职业病防护设施“三同时”的有关要求，同时规定安全监管部门加强监督检查，依法查处有关违法违规行为。为贯彻落实《职业病防治法》和国务院推进简政放权放管结合优化服务的改革要求，国家安全生产监督管理总局依法对《建设项目职业卫生“三同时”监督管理暂行办法》进行了修订，形成了本《建设项目职业病防护设施“三同时”监督管理办法》。

2. 修订思路

本次修订的总体思路是围绕充分发挥“三同时”制度在建设项目职业病危害前期预防这一总体目标，细化建设单位主体责任和安全监管部门监督检查责任，重点规范职业病危害预评价、职业病防护设施设计、职业病危害控制效果评价及职业病防护设施验收工作要求，依照职业病防治法修改内容组织开展修订工作。

3. 主要修订内容

《建设项目职业病防护设施“三同时”监督管理办法》共7章46条，比原来增加了1章7条。主要修订内容有：

（1）修订规章名称。《建设项目职业卫生“三同时”监督管理暂行办法》实施4年多来，对规范建设项目职业病防护设施“三同时”工作起到了重要作用，通过本次修订着力解决简政放权、放管结合，有关条款内容已基本成熟，故将规章名称修改为“《建设项目职业病防护设施‘三同时’监督管理办法》”。

(2) 调整总体框架。按照建设项目职业病防护设施“三同时”工作的不同阶段,对建设单位开展建设项目职业病危害预评价、职业病防护设施设计、职业病危害控制效果评价以及职业病防护设施验收相关责任要求进行了细化,并增加“监督检查”一章,明确了安全监管部门在职责范围内实施重点监督检查的内容和相关要求。

(3) 依法取消审批。删除了原《建设项目职业病防护设施“三同时”监督管理办法》中有关建设项目职业病危害预评价报告审核(备案)、严重职业病危害的建设项目防护设施设计审查、建设项目职业病防护设施竣工验收(备案)等涉及行政审批的内容。

(4) 明确主体责任。考虑到建设项目职业病防护设施“三同时”工作的专业性、技术性强,《建设项目职业病防护设施“三同时”监督管理办法》明确了建设单位负责人组织职业卫生专业技术人员开展有关评价报告和职业病防护设施设计评审,向安全监管部门报送验收方案,形成书面报告等责任,并要求通过公告栏、网络等方式公布有关工作信息,接受劳动者和安全监管部门的监督。

(5) 加强监管执法。《建设项目职业病防护设施“三同时”监督管理办法》要求地方各级安全监管部门将职责范围内的建设项目职业病防护设施“三同时”监督检查纳入年度安全生产监督检查计划并组织实施,同时增加了安全监管部门执法人员的禁止行为规定,以及违法行为举报的受理、核查、处理等相关要求。

(6) 严格验收核查。根据《职业病防治法》新增加“安全监管部门应当加强对建设单位组织的验收活动和验收结果的监督核查”的要求。《建设项目职业病防护设施“三同时”监督管理办法》明确了安全监管部门以验收工作为重点,对职业病危害严重建设项目的职业病防护设施的验收方案和书面报告全部进行监督核查，对职业病危害较重和一般建设项目的职业病防护设施验收方案和书面报告，按照国家安全生产监督管理总局规定的“双随机”方式实施抽查。

八、《煤矿重大生产安全事故隐患判定标准》

为了准确认定、及时消除煤矿重大生产安全事故隐患，国家安全生产监督管理总局根据《安全生产法》和《国务院关于预防煤矿生产安全事故的特别规定》（国务院令第 446 号）等法律、法规，制定了《煤矿重大生产安全事故隐患判定标准》，这一判定标准适用于判定各类煤矿重大事故隐患，自 2015 年 12 月 3 日起施行。该判定标准明确了 15 类煤矿重大事故隐患，还针对每一类煤矿重大事故隐患列出了具体所指的各种情形，共列举了 65 种重大事故隐患的具体情形。

煤矿重大生产安全事故隐患判定标准

第一条 为了准确认定、及时消除煤矿重大生产安全事故隐患（以下简称煤矿重大事故隐患），根据《安全生产法》和《国务院关于预防煤矿生产安全事故的特别规定》（国务院令第 446 号）等法律、法规，制定本判定标准。

第二条 本标准适用于判定各类煤矿重大事故隐患。

第三条 煤矿重大事故隐患包括以下 15 个方面：

（一）超能力、超强度或者超定员组织生产；

（二）瓦斯超限作业；

（三）煤与瓦斯突出矿井，未依照规定实施防突出措施；

（四）高瓦斯矿井未建立瓦斯抽采系统和监控系统，或者不能正常运行；

（五）通风系统不完善、不可靠；

（六）有严重水患，未采取有效措施；

（七）超层越界开采；

（八）有冲击地压危险，未采取有效措施；

（九）自然发火严重，未采取有效措施；

（十）使用明令禁止使用或者淘汰的设备、工艺；

（十一）煤矿没有双回路供电系统；

（十二）新建煤矿边建设边生产，煤矿改扩建期间，在改扩建的区域生产，或者在其他区域的生产超出安全设计规定的范围和规模；

（十三）煤矿实行整体承包生产经营后，未重新取得或者及时变更安全生产许可证而从事生产，或者承包方再次转包，以及将井下采掘工作面和井巷维修作业进行劳务承包；

（十四）煤矿改制期间，未明确安全生产责任人和安全管理机构，或者在完成改制后，未重新取得或者变更采矿许可证、安全生产许可证和营业执照；

（十五）其他重大事故隐患。

第四条　“超能力、超强度或者超定员组织生产”重大事故隐患，是指有下列情形之一的：

（一）矿井全年原煤产量超过矿井核定（设计）生产能力110%的，或者矿井月产量超过矿井核定（设计）生产能力10%的；

（二）矿井开拓、准备、回采煤量可采期小于有关标准规定的最短时间组织生产、造成接续紧张的，或者采用“剃头下山”开采的；

（三）采掘工作面瓦斯抽采不达标组织生产的；

（四）煤矿未制定或者未严格执行井下劳动定员制度的。

第五条　“瓦斯超限作业”重大事故隐患，是指有下列情形之一的：

（一）瓦斯检查存在漏检、假检的；

（二）井下瓦斯超限后不采取措施继续作业的。

第六条 “煤与瓦斯突出矿井，未依照规定实施防突出措施”重大事故隐患，是指有下列情形之一的：

（一）未建立防治突出机构并配备相应专业人员的；

（二）未装备矿井安全监控系统和地面永久瓦斯抽采系统或者系统不能正常运行的；

（三）未进行区域或者工作面突出危险性预测的；

（四）未按规定采取防治突出措施的；

（五）未进行防治突出措施效果检验或者防突措施效果检验不达标仍然组织生产建设的；

（六）未采取安全防护措施的；

（七）使用架线式电机车的。

第七条 “高瓦斯矿井未建立瓦斯抽采系统和监控系统，或者不能正常运行”重大事故隐患，是指有下列情形之一的：

（一）按照《煤矿安全规程》规定应当建立而未建立瓦斯抽采系统的；

（二）未按规定安设、调校甲烷传感器，人为造成甲烷传感器失效的，瓦斯超限后不能断电或者断电范围不符合规定的；

（三）安全监控系统出现故障没有及时采取措施予以恢复的，或者对系统记录的瓦斯超限数据进行修改、删除、屏蔽的。

第八条 “通风系统不完善、不可靠”重大事故隐患，是指有下列情形之一的：

（一）矿井总风量不足的；

（二）没有备用主要通风机或者两台主要通风机工作能力不匹配的；

（三）违反规定串联通风的；

（四）没有按设计形成通风系统的，或者生产水平和采区未实现分区通风的；

（五）高瓦斯、煤与瓦斯突出矿井的任一采区，开采容易自燃煤层、低瓦斯矿井开采煤层群和分层开采采用联合布置的采区，未设置专用回风巷的，或者突出煤层工作面没有独立的回风系统的；

（六）采掘工作面等主要用风地点风量不足的；

（七）采区进（回）风巷未贯穿整个采区，或者虽贯穿整个采区但一段进风、一段回风的；

（八）煤巷、半煤岩巷和有瓦斯涌出的岩巷的掘进工作面未装备甲烷电、风电闭锁装置或者不能正常使用的；

（九）高瓦斯、煤与瓦斯突出建设矿井局部通风不能实现双风机、双电源且自动切换的；

（十）高瓦斯、煤与瓦斯突出建设矿井进入二期工程前，其他建设矿井进入三期工程前，没有形成地面主要通风机供风的全风压通风系统的。

第九条　“有严重水患，未采取有效措施”重大事故隐患，是指有下列情形之一的：

（一）未查明矿井水文地质条件和井田范围内采空区、废弃老窑积水等情况而组织生产建设的；

（二）水文地质类型复杂、极复杂的矿井没有设立专门的防治水机构和配备专门的探放水作业队伍、配齐专用探放水设备的；

（三）在突水威胁区域进行采掘作业未按规定进行探放水的；

（四）未按规定留设或者擅自开采各种防隔水煤柱的；

（五）有透水征兆未撤出井下作业人员的；

（六）受地表水倒灌威胁的矿井在强降雨天气或其来水上游发生洪水期间未实施停产撤人的；

（七）建设矿井进入三期工程前，没有按设计建成永久排水系统的。

第十条 “超层越界开采”重大事故隐患，是指有下列情形之一的：

（一）超出采矿许可证规定开采煤层层位或者标高而进行开采的；

（二）超出采矿许可证载明的坐标控制范围而开采的；

（三）擅自开采保安煤柱的。

第十一条 “有冲击地压危险，未采取有效措施”重大事故隐患，是指有下列情形之一的：

（一）首次发生过冲击地压动力现象，半年内没有完成冲击地压危险性鉴定的；

（二）有冲击地压危险的矿井未配备专业人员并编制专门设计的；

（三）未进行冲击地压预测预报，或者采取的防治措施没有消除冲击地压危险仍组织生产建设的。

第十二条 “自然发火严重，未采取有效措施”重大事故隐患，是指有下列情形之一的：

（一）开采容易自燃和自燃的煤层时，未编制防止自然发火设计或者未按设计组织生产建设的；

（二）高瓦斯矿井采用放顶煤采煤法不能有效防治煤层自然发火的；

（三）有自然发火征兆没有采取相应的安全防范措施并继续生产建设的。

第十三条 “使用明令禁止使用或者淘汰的设备、工艺”重大事故隐患，是指有下列情形之一的：

（一）使用被列入国家应予淘汰的煤矿机电设备和工艺目录的产品或者工艺的；

（二）井下电气设备未取得煤矿矿用产品安全标志，或者防爆等级与矿井瓦斯等级不符的；

（三）未按矿井瓦斯等级选用相应的煤矿许用炸药和雷管、未使用专用发爆器的，或者裸露放炮的；

（四）采煤工作面不能保证2个畅通的安全出口的；

（五）高瓦斯矿井、煤与瓦斯突出矿井、开采容易自燃和自燃煤层（薄煤层除外）矿井，采煤工作面采用前进式采煤方法的。

第十四条 “煤矿没有双回路供电系统”重大事故隐患，是指有下列情形之一的：

（一）单回路供电的；

（二）有两个回路但取自一个区域变电所同一母线端的；

（三）进入二期工程的高瓦斯、煤与瓦斯突出及水害严重的建设矿井，进入三期工程的其他建设矿井，没有形成双回路供电的。

第十五条 “新建煤矿边建设边生产，煤矿改扩建期间，在改扩建的区域生产，或者在其他区域的生产超出安全设计规定的范围和规模”重大事故隐患，是指有下列情形之一的：

（一）建设项目安全设施设计未经审查批准，或者批准后做出重大变更后未经再次审批擅自组织施工的；

（二）改扩建矿井在改扩建区域生产的；

（三）改扩建矿井在非改扩建区域超出设计规定范围和规模生产的。

第十六条 “煤矿实行整体承包生产经营后，未重新取得或者及时变更安全生产许可证从事生产的，或者承包方再次转包，以及将井下采掘工作面和井巷维修作业进行劳务承包”重大事故隐患，是指有下列情形之一的：

（一）生产经营单位将煤矿承包或者托管给没有合法有效煤矿生产建设证照的单位或者个人的；

（二）煤矿实行承包（托管）但未签订安全生产管理协议，或者未约定双方安全生产管理职责合同而进行生产的；

（三）承包方（承托方）未按规定变更安全生产许可证进行生产的；

（四）承包方（承托方）再次将煤矿承包（托管）给其他单位或者个人的；

（五）煤矿将井下采掘工作面或者井巷维修作业作为独立工程承包（托管）给其他企业或者个人的。

第十七条 “煤矿改制期间，未明确安全生产责任人和安全管理机构，或者在完成改制后，未重新取得或者变更采矿许可证、安全生产许可证和营业执照”重大事故隐患，是指有下列情形之一的：

（一）改制期间，未明确安全生产责任人而进行生产建设的；

（二）改制期间，未健全安全生产管理机构和配备安全管理人员进行生产建设的；

（三）完成改制后，未重新取得或者变更采矿许可证、安全生产许可证、营业执照而进行生产建设的。

第十八条 “其他重大事故隐患”，是指有下列情形之一的：

（一）没有分别配备矿长、总工程师和分管安全、生产、机电的副矿长，以及负责采煤、掘进、机电运输、通风、地质测量工作的专业技术人员的；

（二）未按规定足额提取和使用安全生产费用的；

（三）出现瓦斯动力现象，或者相邻矿井开采的同一煤层发生了突出，或者煤层瓦斯压力达到或者超过0.74MPa的非突出矿井，未立即按照突出煤层管理并在规定时限内进行突出危险性鉴定的（直接认定为突出矿井的除外）；

（四）图纸作假、隐瞒采掘工作面的。

第十九条　本标准自印发之日起施行。国家安全监管总局、国家煤矿安监局2005年9月26日印发的《煤矿重大安全生产隐患认定办法（试行）》（安监总煤矿字〔2005〕133号）同时废止。

九、《煤矿安全培训规定》

制定《煤矿安全培训规定》的目的是为了加强和规范煤矿安全培训工作，提高从业人员安全素质，防止和减少伤亡事故。该规定自2018年3月1日起施行。该规定中关于其他从业人员的部分条款如下：

第四条　煤矿企业是安全培训的责任主体，应当依法对从业人员进行安全生产教育和培训，提高从业人员的安全生产意识和能力。

煤矿企业主要负责人对本企业从业人员安全培训工作全面负责。

第五条　国家鼓励煤矿企业变招工为招生。煤矿企业新招井下从业人员，应当优先录用大中专学校、职业高中、技工学校煤矿相关专业的毕业生。

第六条　煤矿企业应当建立完善安全培训管理制度，制定年度安全培训计划，明确负责安全培训工作的机构，配备专职或者兼职安全培训管理人员，按照国家规定的比例提取教育培训经费。其中，用于安全培训的资金不得低于教育培训经费总额的百分之四十。

第七条 对从业人员的安全技术培训，具备《安全培训机构基本条件》(AQ/T8011)规定的安全培训条件的煤矿企业应当以自主培训为主，也可以委托具备安全培训条件的机构进行安全培训。

不具备安全培训条件的煤矿企业应当委托具备安全培训条件的机构进行安全培训。

从事煤矿安全培训的机构，应当将教师、教学和实习与实训设施等情况书面报告所在地省级煤矿安全培训主管部门。

第八条 煤矿企业应当建立健全从业人员安全培训档案，实行一人一档。煤矿企业从业人员安全培训档案的内容包括：

（一）学员登记表，包括学员的文化程度、职务、职称、工作经历、技能等级晋升等情况；

（二）身份证复印件、学历证书复印件；

（三）历次接受安全培训、考核的情况；

（四）安全生产违规违章行为记录，以及被追究责任，受到处分、处理的情况；

（五）其他有关情况。

煤矿企业从业人员安全培训档案应当按照《企业文件材料归档范围和档案保管期限规定》(国家档案局令第10号)保存。

第九条 煤矿企业除建立从业人员安全培训档案外，还应当建立企业安全培训档案，实行一期一档。煤矿企业安全培训档案的内容包括：

（一）培训计划；

（二）培训时间、地点；

（三）培训课时及授课教师；

（四）课程讲义；

（五）学员名册、考勤、考核情况；

（六）综合考评报告等；

（七）其他有关情况。

对煤矿企业主要负责人和安全生产管理人员的煤矿企业安全培训档案应当保存三年以上，对特种作业人员的煤矿企业安全培训档案应当保存六年以上，其他从业人员的煤矿企业安全培训档案应当保存三年以上。

第三十二条　煤矿其他从业人员应当具备初中及以上文化程度。

本规定所称煤矿其他从业人员，是指除煤矿主要负责人、安全生产管理人员和特种作业人员以外，从事生产经营活动的其他从业人员，包括煤矿其他负责人、其他管理人员、技术人员和各岗位的工人、使用的被派遣劳动者和临时聘用人员。

第三十三条　煤矿企业应当对其他从业人员进行安全培训，保证其具备必要的安全生产知识、技能和事故应急处理能力，知悉自身在安全生产方面的权利和义务。

第三十四条　省级煤矿安全培训主管部门负责制定煤矿企业其他从业人员安全培训大纲和考核标准。

第三十五条　煤矿企业或者具备安全培训条件的机构应当按照培训大纲对其他从业人员进行安全培训。其中，对从事采煤、掘进、机电、运输、通风、防治水等工作的班组长的安全培训，应当由其所在煤矿的上一级煤矿企业组织实施；没有上一级煤矿企业的，由本单位组织实施。

煤矿企业其他从业人员的初次安全培训时间不得少于七十二学时，每年再培训的时间不得少于二十学时。

煤矿企业或者具备安全培训条件的机构对其他从业人员安全培训合格后，应当颁发安全培训合格证明；未经培训并取得培训合格证明的，不得上岗作业。

第三十六条 煤矿企业新上岗的井下作业人员安全培训合格后，应当在有经验的工人师傅带领下，实习满四个月，并取得工人师傅签名的实习合格证明后，方可独立工作。

工人师傅一般应当具备中级工以上技能等级、三年以上相应工作经历和没有发生过违章指挥、违章作业、违反劳动纪律等条件。

第三十七条 企业井下作业人员调整工作岗位或者离开本岗位一年以上重新上岗前，以及煤矿企业采用新工艺、新技术、新材料或者使用新设备的，应当对其进行相应的安全培训，经培训合格后，方可上岗作业。

第八条第二款煤矿企业从业人员安全培训档案应当按照《企业文件材料归档范围和档案保管期限规定》(国家档案局令第10号)保存。煤矿企业从业人员安全培训档案记录了煤矿从业人员接受安全培训考核、安全生产违规违章行为等重要信息，是证明煤矿从业人员参加安全培训的重要材料，应按照《企业文件材料归档范围和档案保管期限规定》中“企业职工培训工作文件材料重要的要保管30年”的规定执行，安全培训档案可为书面档案，也可为电子档案。

第三十五条第二款煤矿企业其他从业人员的初次安全培训时间不得少于七十二学时，每年再培训的时间不得少于二十学时。本条中的“初次安全培训”和“每年再培训”是指脱产培训，不得以班前(后)会等形式代替。

实践总结与提高 1

本矿新的安全规章制度和劳动纪律

在实践中各个煤矿都会根据本矿的生产条件、生产特点、人员情况等制定更加明细的安全规章制度和劳动纪律，提高管理水平和生产效益。同时，这些安全规章制度和劳动纪律也会随着生产技术的提高和新机械、新设备的引进而不断修订和完善。学员学习完以上三节介绍的新的煤矿安全法律法规、规章、标准后，可将本矿近期制定的重要安全规章制度和劳动纪律总结在表 1-1 中，以便强化记忆，自觉遵守。

表 1-1　　本矿新的安全规章制度和劳动纪律

1. 规章制度：   2.劳动纪律：

复习思考题

1. 简述制定《煤矿安全规程》的目的和意义。
2.《煤矿安全规程》对矿井瓦斯等级是如何划分的？
3. 重大事故挂牌督办的程序是什么？
4. 无法确认劳动关系的职业病患者如何获得救助？
5. 2016 年修订的《煤矿安全规程》有何特点？
6. 我国安全生产领域改革发展的新举措有哪些？

第二章 煤矿安全管理新方法

第一节 白国周班组管理法

白国周是中国平煤神马能源化工集团有限责任公司(简称中平能化集团)七星公司(原平煤集团七矿)的一名普通矿工,曾任七星公司开拓四队班长。然而就是这样一个普通而又平凡的矿工,在平凡的岗位上创造了不平凡的业绩。

白国周 1970 年出生于河南省宝丰县的一个农民家庭,1987 年因家庭困难而不得不放弃学习来到煤矿当一名矿工。白国周在长期的工作实践中,不断探索煤矿安全生产的经验和班组管理方法,创造出了可学可用的"白国周班组管理法",不仅保证了白国周班组二十余年的生产安全,而且为煤矿班组建设和煤矿安全生产积累了宝贵经验。白国周本人也因此成为煤矿安全的典范和基层班组长学习的楷模。

中平能化集团七星公司开拓四队班长白国周在生产过程中,严格落实安全生产的各项制度,不断探索班组安全管理的新方法。他先后总结提炼了理念引领法、班前礼仪法、指令处理法、"三不少"隐患排查法、"三必谈"身心调适法、"三快三勤"现场管理法、互助联保法、手指口述交班法、亲情和谐法等"班组安全管理九法",并坚持把这些管理方法运用到生产实践中去,创造了 22 年没有出现任何安全事故的奇迹。国务院原副总理张德江对“白国周班组管理法”给予充分肯定和高度评价，并作出重要批示，要求在全国煤矿系统推广。原省委书记、省人大常委会主任徐光春也作出重要批示，要求突出宣传白国周的典型事迹。

一、主要内容

白国周在日常的生产实践中总结出了一套行之有效的班组管理方法，其主要内容可以概括为“六个三”：即“三勤”、“三细”、“三到位”、“三不少”、“三必谈”、“三提高”。

1.“三勤”

勤动脑；

勤汇报；

勤沟通。

2.“三细”

心细；

安排工作细；

抓工程质量细。

3.“三到位”

布置工作到位；

检查工作到位；

隐患处理到位。

4.“三不少”

班前检查不能少；

班中排查不能少；

班后复查不能少。

5.“三必谈”

发现情绪不正常的人必谈；

对受到批评的人必谈；

每月必须召开一次谈心会。

6.“三提高”

提高安全意识；

提高岗位技能；

提高团队凝聚力和战斗力。

二、精神特点

“白国周班组管理法”虽然是一种方法，但其内在却潜藏着令人折服的精神光芒，有着鲜明的时代特点和精神追求。其主要有以下几个方面：

(1) 秉遵安全第一理念，执守安全管理制度，任何情况下都把安全生产放在第一位，坚决做到不安全绝不生产。

(2) 生产过程中注重质量，盯住细节，勤于检查，抓好落实，时刻注意把隐患消灭在萌芽状态。

(3) 刻苦学习，钻研技术，言传身教，带领工友努力成为开拓掘进的行家里手和技术能手。

(4) 坚持以人为本，亲善求和，以人性化管理和亲情感召凝聚工友的思想意志，努力形成安全生产的整体合力。

(5) 22 年始终如一，持之以恒，尽职尽责，在岗位上书写奉献，在平凡中创造奇迹。

三、实际运用

1. 理念引领法

理念引领法主要包括提炼理念、宣贯理念、践行理念。

(1) 提炼理念：倡导工友每人提炼自己的安全理念，粘贴在全家福下面。

(2) 宣贯理念：利用班前会、班后会时间，采取看电视、读书读报等形式，组织工友学习安全知识，灌输安全理念，加强安全教育；运用事故案例进行警示教育，组织工友讨论，使大家时刻绷紧安全弦。

(3) 践行理念：牢记并践行安全理念，使每个人的安全理念成为自己安全行为的准则和目标追求，内化于心，外化于行。

2. 班前礼仪法

主要班前礼仪内容包括：

(1) 值班领导点名，安排布置工作；

(2) 班长讲评当班安全生产注意事项；

(3) 职工对有关工作和注意事项进行点评；

(4) 班长带领大家进行安全宣誓；

(5) 更衣后，班长带队，集体下井。

3. 指令处理法

指令处理法主要包括指令、处理、监督。

(1) 指令：班组人员集体到达工作面手指口述接班后，班长先进行隐患排查，发现问题用粉笔写在明显的地方，给这里工作的工友发出指令。

(2) 处理：工友到岗后，先看班长的指令，并按要求进行处理，处理完毕后擦掉指令，开始工作。

(3) 督查：坚持在工作中巡回检查，逐一检查指令执行情况，若发现新的隐患，指令专人及时处理。

4. “三必谈”身心调适法

“三必谈”，即发现情绪不正常的人必谈、对受到批评的人必谈、每月必须召开一次谈心会。

(1) 发现情绪不正常的人必谈：注重观察工友在工作中的思想情绪，发现情绪不正常、急躁、精力不集中或神情恍惚等问题的，及时谈心交流，弄清原因，因势利导，帮助解决困难和思想问题，消除急躁和消极情绪，使其保持良好心态投入工作，提高安全生产的注意力。

(2) 对受到批评的人必谈：对受到批评或处罚的人，单独与其谈心，讲明批评或处罚的原因，消除其抵触情绪。

(3) 每月必须召开一次谈心会：坚持每月至少召开一次谈心会。工友聚在一起，畅所欲言，共享安全工作经验，反思存在的问题和不足，相互学习、相互促进、取长补短、共同提高。

5. 手指口述交班法

当班工作结束时，班长要向下一班班长进行手指口述交接班，将当班任务完成情况、未处理完的隐患和需要注意的问题，向下一班班长交代清楚。

特殊工种岗位上的职工也要向下一班接班的职工进行手指口述交接班，未处理完的问题要口传口、手交手，详细地交代给对方，待对方同意并接班后方可离岗，随当班人员一起集体升井。

6. 互助联保法

互助联保法主要包括集体上下班、相互观察、师徒连带。

(1) 集体上下班：入井、升井时，由班长举旗带队，全班人员列队到达工作面或升井到达地面，避免个人单独入井、升井时发生违章行为。

(2) 相互观察：针对施工过程中会出现动态安全隐患的实际，要求全班每个人都能做到既是施工者，又是安检员，时刻注意观察工友身边的工作环境，并能做到相互提醒、相互帮忙、互助联保。

(3) 师徒连带：班里新工人拜老工人为师，签订师徒合同，结成一帮一对子。工作中，老工人带领新工人下井，传授相关安全技能，并对新工人进行帮助和约束。出现违章，师徒共同受到处罚；

没有违章，且师傅所带新工人业务水平有明显提高的，对师傅进行奖励。

班里的人虽然都被白国周不留情面地批评过，却没有一个工友记恨他，更没有人因为挨了训跟他对着干。一提起班长白国周，班里的工友个个都很佩服他、感激他。一位工友说："一个班里的工友就是亲兄弟，在井下，我们不仅要自保，更要互保、联保，在安全生产上如果班长不严、不管、不问，那才是对我们不负责任。"

7."三不少"隐患排查

"三不少"即班前检查不能少、班中排查不能少、班后复查不能少。

（1）班前检查不能少：坚持接班前，对工作环境及各个环节、设备依次认真检查，排查现场隐患，确认上一班遗留问题，并指定专人进行整改。

（2）班中排查不能少：坚持每班对各个工作地点进行巡回检查，重点排查在岗职工精神状况、班前隐患整改情况和生产过程中的动态隐患。

（3）班后复查不能少：当班工作结束后，对安排工作进行详细复查，重点复查工程质量和隐患整改情况，发现问题及时组织处理，处理不了的现场向下一班职工交代清楚，并及时汇报。

8. 现场管理法

"三快"，即嘴快、腿快、手快。

（1）嘴快：安排工作说到、说详、说细、说清、说明，发现工作不到位或哪里容易出现问题就及时提醒。

（2）腿快：认真落实"三不少"制度，对班组所管的范围，不厌其烦地巡回检查，每个环节、每台设备都及时检查到位。

（3）手快：无论到哪个地方，发现隐患和问题，现场能处理的当即处理,处理不了的及时汇报。

“三勤”,即勤动脑、勤汇报、勤沟通。

(1) 勤动脑:结合生产现场实际,对遇到的困难和问题,勤动脑、勤思考,并灵活运用各种方法,迅速组织处理。

(2) 勤汇报:对发现的隐患和问题,尤其是有可能影响下一班安全生产和工程进度的,及时向上级汇报,使上级在第一时间能掌握生产一线的工作动态,合理分工,科学调度,统筹安排。

(3) 勤沟通:经常与队领导沟通,了解队里的措施要求;与上一班和下一班人员沟通,了解施工进度和施工过程中存在的问题;经常与工友沟通,掌握工友工作和生活情况。

9. 亲情和谐法

亲情和谐法主要包括亲情、文明、民主、和谐。

(1) 亲情:准确掌握班里每个工友的家庭详细情况。工友过生日,组织大家一起去庆贺;谁家有困难,组织大家一起去看望;工友心里有解不开的疙瘩,组织大家一起去开导;逢年过节,工友都带着家人一起聚会、一起热闹。

(2) 文明:针对井下职工习惯性说脏话、开玩笑过火等不文明现象,要求班组成员做文明人、行文明事、上文明岗,避免因伤和气而影响团结,避免因不良情绪影响安全生产。

(3) 民主:分配工资时,广泛征求工友的意见,根据生产任务、安全状况、工程质量、文明生产等日常考核情况进行分配,并找几名班组成员全程监督。

(4) 和谐:工友在工作中偶犯错误,不乱发脾气,生硬批评,而是循循善诱,因人施教,耐心指出问题的根源;遇到问题时,不自作主张,和工友一起协商解决。

四、工作汇报

以下是某矿电气试验班对白国周班组管理法的学习推广情况的工作汇报。

电气试验班是一个朝气蓬勃、务实求新、团结奋进的集体。现有员工10人，主要负责公司井上下各变配电所(室)、大型设备、电缆、绝缘用具的预防性电气试验、继电保护整定和整组传动跳闸试验、接地装置摇测、避雷设施检测、电能计量装置校验以及参加井上下高压电气故障抢修处理和高压设备安装调试等。

“抓管理必先抓基础，抓基础必先抓班组”。这是我单位干群的共识，为此，我们电气试验班积极推广白国周班组管理法先进做法，并加以灵活运用，全力打造具有特色的班组管理模式。活动开展以来，我们把班组建设当成安全生产一件头等大事来抓，把班组管理工作列入到了工作的重要议事日程，安全活动日、班前班后会必讲班组管理工作。形成了主管全面抓，班组对口抓、全员参与、层层落实，严抓细管的班组管理格局，为安全生产奠定了坚实的基础。

第二节　手指口述

一、手指口述的内容

手指口述是一种通过心(脑)、眼、口、手的指向性集中联动而强制注意力集中的操作方法。手指口述是提升岗位作业质量，提高职工个人自主保安能力，确保安全生产的重要手段之一，也是岗位作业文明行为养成重要的基本内容，是行为养成职业化升级的重要途径，是有效地提高全体员工现代文明素养的重要途径和基本内容。

手指口述的操作方法，在很多岗位作业中都已经成为习惯。比如人们在清点钞票时，都是边读数边清点；药剂师在清点每一种药物时，都是边口述药名及数量边手指核对。煤矿的机电检修等一些关键性操作，部分优秀员工也在运用手指口述，尤其是师徒共同作业时应用更为普遍。大量的实践证明，手指口述对于提高工人的岗位作业质量，尤其是对于确保作业安全，具有特别明显的效果。

二、推行手指口述的作用

推行"手指口述"，就是要把现场管理由粗放随意型向精细严谨转变，核心是促进员工行为养成升级，培养员工以积极的心态主动预知生产过程中的危险，并能采取合理的方法进行规避。

手指口述的作用是由手指口述的具体状况发挥出来的，换句话说，针对具体的作业现场的实际情况，针对作业者的具体情况手指口述发挥具体的作用。

1. 集中操作者的注意力，促使操作者持久地保持高度的或相对的注意力

工人在生产劳动过程中，日复一日地从事艰苦的而且往往是单调枯燥的作业，缺乏挑战性的刺激和新奇引发的兴趣。每个操作者都经常会产生心理的麻痹，会不由自主地分散注意力。手指口述通过手指来引导眼看心想、通过口述来引导耳听心想、通过心（脑）、眼、耳、口、手的指向性集中联动而不断刺激操作者的大脑皮层，强制操作者集中注意力。

2. 增强操作者的定力和稳定性，使操作者强制自己排斥各种干扰

人在作业时，有各种各样的干扰因素，如生理不适和疲惫劳累造成的体能下降的干扰，心理烦躁和情结波动造成的心态失控的

干扰，对其他人和事的好奇心引发的注意力分散，由噪音、风、潮湿、阴暗等环境因素导致的身心不适，自己的家庭的精神的压力和欲望激发的分心走神，由贪求安逸或侥幸麻痹驱使的随意性和明知故犯的违章。人的定力，是需要长期培养才能形成的一种品质、素质。定力，是一种意念、意志控制下的持续性、耐久性、稳定性、坚定性。手指口述，保证了本次操作的定力，同时也在培育自己的定力品质素质。

3. 快速启动作业程序，使操作者迅速进入作业状态，并把注意力稳定在作业状态中

我们都会经常看到这样一种情况：已经到了开工作业的时间了，作业者还慢慢腾腾，迟迟进不了状态。操作开始时，作业者往往心不在焉、心有旁骛。通过手指口述，让操作者以最快的速度把自己的眼耳心身全部集中到操作上来。这既是对安全的有效保证，又是提高工作效率所必须的。

4. 强化对操作程序的记忆再现，增强作业的系统性、条理性、完整性

通过手指口述，让操作者系统检查作业环境、逐一检查装备设施、认真稽核必备的材料工具，是否符合标准，是否具备确保安全作业、正规操作的条件。让意识转一圈，避免了很多意识和注意的空白、盲区，隔断、防止作业开始后顾此失彼、丢三落四。

5. 实现记忆的清晰化，提高操作的精确度，达到作业关键点的明晰准确，减小误差、偏差和很多错误、失误的发生

不是大的方向错误，而往往是由于模糊不清、模棱两可、大概、自以为差不多，结果是失之毫厘、谬以千里。对于现场作业来说，绝对不可“求大同、存小异”，绝对不允许，“大而化之、广而了之”。“难得糊涂”，是现场操作的大忌大讳。作业需要的是一丝不苟、精

益求精，细节决定操作的安全、决定作业的质量。通过手指口述，能够严谨地强制自己实现操作的精确性和准确性。

6. 审慎地分析当前的作业状况，及时准确地作出思考判断，作出正确的选择

作业现场的情况是不断变化的。动态的环境条件、动态的人机系统，随时需要作业者作出正确的判断选择。从大量的煤矿事故原因分析看，恍惚、侥幸、烦燥、走神，是导致事故发生的最大根源。推行"手指口述"，旨在以这种方法对员工大脑形成强烈刺激，避免岗位操作由于看错、听错、想错而导致误操作，以此达到规范行为、确保安全的目的。

7. 作业者对操作行为的自信和放心的问题

生产作业过程中的蛮干冒失是十分有害的，而对看书操作行为的疑虑怀疑、担心害怕，同样是有害于作业安全和质量的。很多人都有彷徨犹豫的经历和体会。在危险或者责任压力的驱使下，作业者对时常从事的操作也会疑虑怀疑。比如，设备仪表上有很多按键，这一步操作应该按下哪一个？在精神紧张时，会怀疑自己的选择是否正确。比如，自己的门已经关闭加锁，但是还是不放心，如果再加上作业环境的孤独恐惧，由惶恐害怕引发的作业失误就会影响安全。运用手指口述，经过脑、眼、耳、口、手的联合确认后的操作，就能够使作业者彻底解除担忧，放心大胆地操作。

8. 关键性操作或问题错误多发点的提醒

有一些操作，即使出现失误也不会造成事故、影响质量，只是多费点力气就可以纠正错误。而有的操作则属于关键性操作，一次误操作就会引起灾难性的后果。还有的操作，属于很容易出错的问题错误多发性操作。如果说对前者的疏忽可以宽容的话，对后两种情况则是绝对不可掉以轻心的。手指口述的操作法，对关

键性操作或问题、错误多发性的操作给予事前的有效提醒或警戒，以致在作业过程中逐一步骤地随时予以手指口述监督控制，可以非常有效地避免事故的发生。

手指口述的作用，是在许多从事生产劳动的岗位作业者的操作实践中反复证明的；手指口述的必要性和重要性，将在岗位安全生产的实际成效中不断显现出来。当然，任何操作法都不可能成为安全生产的充分条件，手指口述操作法也不是包医百病的灵丹妙药，不能认为搞了手指口述就稳操胜券、万事大吉了。而是要把手指口述操作法的推行作为岗位操作精细化的起步环节，全方位全过程地实现岗位作业标准化，千方百计确保安全生产，提高作业质量。

三、手指口述安全确认的类别

手指口述安全确认主要有三种基本类别。它们是：

1. 班前会手指口述

班前会上全体班组成员用手指指着前方，跟着喊口号进行确认，从而使全体成员步调一致，增强整体感、协作感。例如，身体状况和精神状态确认完毕后，大家站立齐声高喊："安全第一、生产第二，OK！"或"生命只有一次，遵章守规是保护神，OK！"班前会手指口述的特点是"边指边喊"。

2. 开（收）工手指口述

开（收）工时通过手与身体的接触，进一步增强整体感，全体班组成员边指边喊："先确认，后操作，OK！"或"平安、健康、零伤亡，OK！"开（收）工指口述的特点是"相互接触边指边喊"。

3. 作业中手指口述

作业中手指口述的目的是确保作业者在作业要点安全无误地推进作业，其特点是"边指边说"。作业中手指口述又可分班前、班中和班末三种。

(1) 作业班前手指口述。

作业班前的手指口述包括当班作业开始前对现场作业环境、机械设备和作业人员的安全确认内容。

作业班前手指口述,是在正式开始操作前对全部准备工作进行一次系统的检查核实,是对操作要点、要领记忆再现的一次确认,是通过意念刺激使作业者集中注意力,全神贯注、聚精会神地开始操作。作业班前手指口述是搞好操作全过程的基础。

(2) 作业班中手指口述。

作业班中手指口述就是对作业过程中每一种关键性操作开始前的手指口述,使操作过程都处于安全确认之中,是搞好操作全过程的中心。

有的操作过程包含许多关键的操作步骤,而这些步骤都具有安全不确定性,这时需要进行连续性的手指口述,即一边操作,一边手指口述。它可以促使作业人员在每一个操作步骤进行时都做到准确分析当前的安全条件,为作业人员提供思考、判断的机会,及时处理应对各种可能发生的意外,集中注意力、全神贯注地作业,从而确保每一操作步骤的安全、准确、可靠。

作业班中手指口述包括四方面内容:

① 自我保护防范的手指口述。

人都有自我保护防范的本能,但是这种本能只有经过长期习惯养成才能不断强化与提升。

在作业过程中出现危险状态时,自我保护防范的手指口述,可以立即提醒自己:“这里(样)非常危险,处理不当就会送命!”能够把自己的注意力转向对面前危险的高度警觉,实质上是在无人强制监督情况下的自主保安行为,是对自己安全负责的一种自我超越。要培养自觉的手指口述行为习惯，就必须自我强制，反复磨炼。

② 集体作业时的手指口述。

煤矿井下作业是许多从业人员的集体作业。现代化、机械化、自动化程度的不断提高，减轻了从业人员的劳动强度，提高了劳动效率，但同时也提高了对从业人员技能素质和心理素质的要求，增加了生产安全的难度。这时，一个作业人员的操作失误，就可能影响作业集体的安全，带来的浪费、损失更为严重，所以几个人甚至几十人同时作业时，必须进行集体作业的手指口述。

集体作业时的手指口述是有统一动作的手指口述、统一指挥协调的手指口述和监控作业的手指口述。

③ 辨认盘点的手指口述。

辨认盘点是很容易发生错误的操作。在许多作业过程中，都需要对情境、实物、事件、人员等进行辨认盘点。作业人员往往认为辨认盘点是一项非常容易的操作，所以注意力分散、精神不集中、粗枝大叶。辨认盘点的失误过错，不仅会造成作业质量问题，而且往往引发安全事故。因此，手指口述对辨认盘点的准确、速度和效率，都能够起到十分重要的保证作用。

辨认盘点的手指口述，一是辨认"是什么"、"是不是"，确认自己的辨认"对不对"；二是盘点脑思心记，盘点是手指口"数"。盘点过数的过程，是一个分辨、确认及查验的过程。

④ 延伸式的手指口述。

煤矿井下是个复杂的生产作业系统，许多场合的手指口述功能必须依托延伸工具才能实现。操作指令的发出和执行情况的反馈，操作岗位之间的信息传递和沟通，在面对面的手指口述无法达到时，就要使用口哨、电铃、信号灯、手势、旗语、电话、移动通讯工具、图文标识牌等延伸工具。这种情况下的手指口述，就是延伸式的手指口述。

延伸式的手指口述，一般都要直接的手指口述与其有机配合。这种配合又有两种情况：一种是在运用延伸工具发出或接收信息时，为了保证准确无误，要经过手指口述的提醒、提示、确认；另一种是直接的手指口述与手指口述的延伸工具联合运用。延伸式的手指口述可以将信息传输手段的及时准确和手指口述的严密周全很好地结合起来，确保操作无误。

(3) 作业班末手指口述。

当班的作业全部完成后，即将离开作业现场前，要进行班末手指口述安全确认。

作业班末手指口述的内容，主要包括对现场作业环境、使用的设备、机械、器材、工具及作业操作质量进行安全确认，为下一班的操作安全奠定坚实的基础。

煤矿井下作业大多数是连续性作业，应该在作业现场进行交接班；即使是非连续性的间隔作业，也要通过交接班记录、电话交接等形式进行交接班。由于交接班涉及作业安全和岗位责任，所以多数交接班都是在手指口述中进行的。交接班时的手指口述内容，一般包括实物的交接和工作的交接，交接班结束时还要双方签字予以确认。

第三节　国投塔山煤矿班组建设模式

2013 年 1 月 15 日国家安全监管总局、国家煤矿安监局、中国煤炭工业协会、中国能源化学工会全国委员会联合下发了《关于印发国投塔山煤矿班组建设经验材料的通知》，要求煤矿企业认真学习借鉴，切实加强班组管理，夯实安全生产基础，进一步提高安全管理水平，促进全国安全生产形势持续稳定好转。

国投塔山煤矿是隶属于国投大同能源有限责任公司（以下简称国投大同公司）的一座现代化高效矿井，由原来 30 万 t/a 的地方小煤矿改扩建而成，2008 年 8 月投产，设计生产能力 240 万 t/a，现有员工 608 人，其中班组 28 个、班组长 98 名（含选煤厂）。为适应矿井发展需要，预防事故的发生，国投塔山煤矿从 2011 年开始大胆变革传统班组管理方式，学习借鉴国内外先进的班组建设理念和管理方法，创新建立班组轮值管理体系，探索实践“人人都是班组长”班组建设模式，实现班组全员、全方位、全过程管理。2011 年以来杜绝了死亡事故，综合绩效创全国煤炭行业一流水平。

一、“人人都是班组长”模式的选择和建立

国投塔山煤矿虽然机械化、信息化、现代化程度很高，但投产后零敲碎打的事故一直不断，事故的主要原因在于新组建的职工队伍来自全国 13 个省份，人员素质参差不齐，安全基层基础管理薄弱，特别是班组执行力不够强，严重制约了企业的健康发展。

2011 年 1 月，国投塔山煤矿开展了“班组建设抓什么”、“班组长怎么管”、“员工积极性怎么调动”等班组建设大讨论，对传统班组管理模式进行了深入分析和思考，得出的结论是：职工的积极性没有得到充分发挥，班组的凝聚力、战斗力、创造力没有得到充分发挥。为此，国投大同公司及塔山煤矿果断决定，摈弃传统的班组管理模式，引入体现以人为本、实现民主管理的轮值管理体系，创新实施了“人人都是班组长”班组建设新模式。

二、“人人都是班组长”模式的内容和做法

“人人都是班组长”的班组管理模式，就是采取轮值制度，班组

每位成员都有担任班组长、班委、参与班组管理的机会，实现民主决策、民主管理和安全生产，其核心内容是建立了一套班组轮值管理体系，即：一个体制、两大平台、四项机制。

（一）构建一个班组轮值管理的组织体制

班组轮值管理的组织体制是在保留原有班组长的基础上，设立一名轮值班长，若干个轮值班委和管理小组，全体成员按一定周期进行轮流任职，并赋予班组管理职责和权利的组织架构。轮值周期和轮值班委、管理小组的组成，由各区队和班组结合工作实际自行规定，形式各具特色，不搞“一刀切”，减少了抵触情绪，避免了走形式，确保班组轮值管理具有深厚的群众基础和旺盛的生命力。轮值管理的主要职责和任务分别是：

1. 轮值班长

协助班长做好当班日常工作，主要任务是组织召开班前会、班后会，安排当班工作任务，分工到人，组织现场生产质量管理，排查治理安全隐患和问题，评议当班人员工作表现，提出当班工分的分配意见，具有安全管理权、生产组织权和考核分配权。经评议合格的轮值班组长，享受正式班组长薪酬待遇。实行班组长轮值后，原班组长扮演的角色不再是班组的“工头”角色，而更多的是教练角色。

2. 班委会

一般由安全委员、学习委员、活力委员、和谐委员等组成，在轮值班长领导下，分工明确，团结协作。安全委员负责组织安全技能学习，风险预控讲习，现场安全提醒，教育大家提高安全意识和防范能力。学习委员负责组织每日学习，采取朗诵操作规程、提问互答、图纸展示、课堂讲解等方式，学习风险预控、操作规程、绝活分享等内容。活力委员通过讲故事、安全宣誓、唱班歌、喊口号或开展班组集体活动等方式，提振士气，缓解压力，活跃气氛。和谐委员负责加强班组内部沟通、工作协调，营造团结和谐氛围。

3. 轮值管理小组

根据轮值班委设置的数量，将班组人员平均划分为若干小组，如安全小组、学习小组、士气小组、宣传小组等，在各自班委带领下参与班组事务管理、制度制定和现场安全生产组织，做到人人负责、人人管理。

（二）搭建班组轮流管理的两大平台

1. 例会平台

借助班组每日班前、班后会，在轮值班组长的主持下，组织安全、学习、士气、和谐等班委委员，有针对性地开展班组日常管理的有效平台。班前会主要是开展安全学习，风险排查和预控，明确工作任务，分工派活，责任到人，提振士气，营造和谐气氛。班后会主要是对当班工作进行总结、分析、评议、评优，对下班工作作出安排等。通过轮值管理，班前、班后会从队长和班长唱主角到轮值班组长和班委唱主角，从一言堂模式到全员互动模式，会议内容、形式和效果都发生了质的改观。

2. 看板平台

班组日常管理以看板为载体和表现形式，实现班组管理公开化、透明化。每个区队和班组结合实际设计制作看板，通过每日一星，工分上板，实现激励评价透明化；通过制度、流程上板，实现组织职责目视化；通过问题分析上板，实现资源分享公开化，做到了制度、管理、考勤、问题、绩效等公开透明，促进了班组自主管理。如综采区将事故案例贴在班组管理看板上，其他人员用五颜六色的小纸条“跟帖”，发表感言，2011 年以来该区由班组员工自行编写、讨论的安全案例已经达到了 600 余份，起到了“一人讲案例、众人受教育”的警示作用。

（三）建立四项班组轮值管理长效机制

1. 分享评议机制

利用召开班前会、班后会等机会，职工轮流讲案例、讲技术、讲绝活、讲经验，大家进行谈看法、谈体会、谈收获等评议。轮值班组长评议每位员工当班工作情况和所得工分，员工对轮值班组长和班委的履职情况进行评议，进一步增强交流，吸取教训，总结经验，达到资源分享、共同提高的功效。分享评议机制是学习、分享、评议的有机结合，不同于一般的学习培训，也不是一般的评价考核，强调的是培养主动学、动脑筋的习惯，突出“议”、重在“悟”，在分享评议中相互借鉴、取长补短、相互提高。

2. 竞争激励机制

按照公开、公平、竞争、择优、及时等原则，由轮值班长、轮值班委和班长等共同组织，在班组内开展赛安全、赛学习、赛技术、赛创新、赛节约等活动，采取物资奖励、精神激励、提拔重用等手段，在班组评选出安全之星、质量之星、学习之星、创新之星和优秀班组、班组长、轮值班组长，在此基础上评选出区队、矿井、公司等层级优秀班组、班组长、轮值班组长，在竞争中激励、通过激励促竞争，形成良性循环，创造比学赶帮超的良好氛围。

3. 责任连锁机制

为落实班组安全生产责任制，建立了“自保、互保、联保”三位一体的安全责任连锁机制，采取“三违”责任共担、事故责任共担、危险区域作业共同监护等形式，一人违章或发生安全事故，与其相联结的组织和组员要与其共同承担责任，实现了人人都是安全监督员。

4. 制度公约机制

班组制度公约就是在遵守有关法律法规、标准规范等制度规定的前提下，人人起草自己岗位的工作制度，人人参与制度的讨论修订，每项制度都要经过班组共同协商研究、全员签字确认，大大提高了制度执行力。目前，该矿共建立了安全生产类公约 5 项，班组管理类公约 11 项，并编写了“人人都是班组长”班长建设的指导手册、案例汇编、制度汇编等，实现了制度由被动执行到主动执行、“软执行”到“硬执行”的根本转变。

三、“人人都是班组长”模式取得的成效

“人人都是班组长”的班组建设模式，是煤矿班组建设的一次体制创新、机制创新、实践创新，创立了人人给力、人人负责、人人管理的“动车组式”管理模式，改变了传统班组“靠车头带”的单一管理模式，创建了安全型、学习型、和谐型班组，实现了班组全员、全方位、全过程安全管理，安全生产基层、基础、基本功建设显著加强，极大提高了煤矿人员素质、加强了队伍建设、提升了管理水平和综合实力，为煤矿安全生产和企业发展奠定了牢固的“基石”。2011 年以来，有 5 名一线员工被提拔为区队长，80 多名农民工成为技术能手和业务骨干，涌现了“王山富材料架”和“梁过兵托管架、吊架”等一批以员工姓名命名的创新成果。安全生产形势持续好转，“三违”次数由 2010 年的 363 例，减少到 2012 年的 35 例，2011 年以来杜绝了死亡事故。经济效益稳步提升，2011 年煤炭产量、销售收入、利润总额分别比 2010 年增长 6%、10%、26%。生产效率逐年递增，从 2010 年的 18 吨/工，到 2012 年的 24 吨/工，达到了煤炭行业先进水平。队伍和谐稳定，“两堂一舍”(餐厅、浴室、公寓)实行宾馆酒店化管理，全体干部职工免费就餐、一同就餐，职工平均收入增长 25%以上，班组文化活动丰富，员工受到尊重、生活体面、幸福和谐，从 2010 年人员流失 100 多人到 2012 年以来无一人流失，促进了队伍稳定。

国投塔山煤矿班组建设的做法和经验，不仅适用于煤炭行业，也适用于其他行业，来自全国煤炭、电力、化工、冶金等行业的40多个企业共计500余人，先后到该矿进行参观考察和学习交流。

第四节　神华集团煤矿安全生产经验

神华集团是53家中央直管的央企之一，是以煤为基础，矿电路港航、煤制油、煤化工一体化发展的综合能源企业。最近发布的世界500强排名第234位。集团资产总额7 000亿元，现有42个子分公司，52个生产煤矿，1 600公里铁路，1.5亿t吞吐能力的两个港口，6 500万kW装机容量的电厂。今年上半年，神华完成煤炭销售3亿t、发电量1 500亿kW·h时、煤制油化工品560万t，实现销售收入1 750亿元，利润405亿元，缴纳税费350亿元。

长期以来，如何让煤矿成为安全场所，让井下作业人员不为生命安全担忧，是煤矿工人的梦想。在党中央、国务院的正确领导下，一代一代煤矿人为此付出了艰辛的探索。神华集团的实践，就是新时期这个探索的一个缩影。2005年以来，神华集团已经生产原煤22亿t，原煤生产百万吨死亡率0.02。期间，全集团两次实现一周年零死亡，神东公司4次实现生产亿吨煤炭无死亡，神华宁煤连续3年多实现零死亡，全集团52处生产矿井有12处实现开建以来零死亡、6处安全生产达10年以上、25处安全周期超过1 000天。

这些成效的取得来之不易，饱含着神华集团职工的努力探索实践，饱含着全国煤炭企业的帮助支持，饱含着社会各界的关心支持。我们谋求科学发展、安全发展的主要做法，可以概括为“树立一个理念、构建一套体系、探索一条途径、打造一支队伍和培育一种文化”。

为认真贯彻落实中央领导同志关于总结推广神华集团安全生产经验的重要批示精神，国家安全生产监督管理总局、国家煤矿安全监察局组成专题调研组，对神华集团煤矿安全生产经验进行了系统总结，形成了《强化风险预控管理努力实现安全发展——神华集团走煤矿安全发展之路的探索和实践》的经验材料。国务院安委会于2012年7月12日下发了《国务院安委会关于印发神华集团煤矿安全生产经验的通知》，要求有关煤矿企业结合实际，认真学习借鉴，切实加强安全管理，提高安全生产水平，促进全国安全生产形势持续稳定好转。

强化风险预控管理 努力实现安全发展
——神华集团走煤矿安全发展之路的探索和实践

神华集团是一个以煤为基础、煤电路港航油(化)一体化运营的特大型国有企业，2011年生产原煤4亿t。神华集团共有52处生产矿井、12处在建矿井，分布在内蒙古、陕西、山西、宁夏、新疆等省(区)，其中有9处高突矿井，20处水文条件极为复杂的矿井，大部分矿井自然发火期较短，部分矿井受煤田火灾威胁。神华集团既有千万吨以上的特大型矿井，也有60万t左右的中小型矿井；既有条件相对较好的矿井，也有瓦斯、水、火等灾害严重的矿井；既有厚达7 m以上的厚煤层矿井，也有0.9 m左右的薄煤层矿井；既有开采达百年历史的老矿井，也有近几年建设投产的新矿井。自成立以来，神华集团立足于走新型工业化道路，始终坚持把安全生产放在重中之重的位置，在煤炭产量实现跨越式发展的同时，安全生产形势持续稳定好转，实现了科学发展、安全发展。“十一五”期间，神华集团煤矿百万吨死亡率为0.028，2011年为

0.018，达到世界先进水平。52处生产矿井中，有12处矿井实现了开建以来“零死亡”，6处矿井安全生产达10年以上，25处矿井安全周期超过1 000天，全部建成安全质量标准化矿井。特别是位于内蒙古、宁夏、新疆等地的安全基础差且水、火、瓦斯等灾害严重的煤矿被神华集团兼并重组后，安全生产状况发生了巨大的变化，近3年神华宁夏煤业集团公司（以下简称神宁公司）煤矿百万吨死亡率为零，神华乌海能源公司、包头矿业公司、新疆能源公司都接近了神华集团的总体水平。

神华集团之所以取得上述成效，在于能够抓住制约和影响煤矿安全生产的突出矛盾和问题，遵循煤矿安全生产的一般规律，各级“一把手”亲自抓，举全集团之力，全面推进理念创新、体系构建、产业升级、队伍建设和文化铸魂，多年来持之以恒，不断创新和完善，探索出了一条具有神华特色的煤矿科学发展、安全发展之路。其安全管理的主要经验可以集中概括为“树立一个理念、构建一套体系、探索一条途径、打造一支队伍、培育一种文化”。

一、树立一个先进的安全理念，为实现安全发展奠定了坚实的思想基础

神华集团领导层认为，企业能否实现科学发展，关键取决于能否实现安全发展。神华集团作为一个以煤为主的企业，安全发展的重中之重在煤矿。煤矿安全生产的好坏，又首先取决于广大煤矿员工，特别是各级“一把手”对安全生产的认识。神华集团提出并践行“煤矿能够做到不死人”的理念，彻底改变了“煤矿生产难免不死人”的传统认识，把对煤矿安全生产的认识提升到了一个新高度。神华集团董事长张喜武说，“不死人”是煤矿工人共同的愿景，神华集团一直是这么要求的，以理念的形式提出来，当时确实面对不少质疑和压力，但作为煤矿企业的负责人，应该有这样的认识和胸怀。这种理念来自于对煤矿工人的深厚感情，来自于对党、对国家、对人民、对行业发展的一种责任和使命，来自于对煤矿事业的崇高追求。

煤矿虽然是高危行业，但安全生产的决定因素是人。充分发挥人的主观能动性，积极引进和运用先进的科学技术，实施严格管理，事故就可以避免。在“煤矿能够做到不死人”理念的引领下，神华集团立足于实践，着眼于效果，激发全体员工的智慧，提炼出了一系列富有生命力的安全管理理念，以理念指导行动，从源头上控制人的不安全意识和行为，从方法手段上消除了引发事故的隐患，实现了安全生产工作的“知行合一”。

——在煤矿安全发展的目标上，坚持“从零开始，向零奋进”。煤矿安全生产只有起点、没有终点，必须警钟长鸣、常抓不懈。为了实现“零死亡”的奋斗目标，神华集团严格执行各生产环节的“零目标”控制，努力做到系统运行零隐患、设备状态零缺陷、工程质量零次品、生产组织零“三违”、操作过程零失误、隐患排查零盲区、隐患治理零搁置、责任落实零距离。通过严格管理，大大减少了轻伤以上的各类事故，延长了矿井生产的安全周期。

——在煤矿的安全定位上，力争把煤矿建设成为安全的产业。谈起煤矿，人们往往会联想到事故。因为煤矿生产，时刻面临水、火、瓦斯、煤尘、顶板等灾害威胁，因事故多发，历来被认为是高危行业。神华集团果断提出要“把高危的煤炭行业建设成为安全的产业”，彻底颠覆了煤矿安全传统的思维定势，并采取了一系列重要措施，主动赶超世界先进水平。经过神华集团上下的共同努力，煤矿百万吨死亡率、千人重伤率等一些主要指标都居世界先进国家煤炭企业的前列。

——在煤矿的劳动组织上，奉行“无人则安，人少则安”的理念。神华集团通过提升信息化、自动化水平，大幅度减少井下高危险岗位的用人，客观上降低了事故发生的概率。神华集团以这一理念重新审视煤矿的建设和发展，大力应用先进技术与装备，优化矿井劳动组织管理。主力矿井采用了一个综采队每班7人的采煤劳动组织方式，井下通风、变电所、排水等固定场所更是实现了自动控制和无人值守，井下用工大幅度减少。

——在煤矿瓦斯治理上，坚持“瓦斯超限就是事故”。瓦斯历来被认为是煤矿“一号杀手”。神华集团坚持认为，只要做到科学管理，将各类隐患当作事故进行处理，就能够将瓦斯控制在安全范围内，从根本上控制和消除隐患，防止瓦斯事故的发生。这一理念进一步强化了科学管理的重要性和有效性，集中体现了关口前移、超前防范的安全管理思想。

——在煤矿安全投入上，坚信“安全投资能产生最佳的效益”。只要煤矿安全需要投入，神华集团就坚定不移地予以保证。在按照规定提取并全额使用安全费用的基础上，还投入了数百亿元用于更新提高安全科技装备水平；针对部分老矿井的人员多、系统复杂等情况，主动在安全投入上给予倾斜，加大生产安全系统的改造力度，不仅实现了安全生产，而且取得了巨大的经济效益。

神华集团的煤矿安全理念，在各煤炭子（分）公司和广大员工中焕发出强大的生命力，并在实践中不断升华。神东公司提出“只有感悟不到的隐患，没有避免不了的事故”；神宁公司提出“收入＝安全＋质量＋任务”、“安全＝细节＋流程＋执行力”、“执行力＝知道＋做到”；乌海公司提出“安全是干部的政治生命，安全是员工的最高利益”等一系列全新的理念。这些理念改变了干部员工对煤矿灾害不可控制的认识，成为推动煤矿安全发展的强大力量。

二、构建一套风险预控管理体系，为实现安全发展提供了有效的管理手段

在国家安全监管总局和国家煤矿安监局的指导下，神华集团从2005年开始组织国内许多知名专家，专题研究煤矿安全管理问题。经过6年多的艰苦探索和实践，形成了一套以危险源辨识和风险评估为基础，以风险预控为核心，以不安全行为管控为重点的安全管理方法——风险预控管理体系。

风险预控管理体系就是运用系统的原理，对煤矿各生产系统、各工作岗位中存在的与人、机、环、管相关的不安全因素进行全面辨识、分析评估；对辨识评估后的各种不安全因素，有针对性地制定管控标准和措施，明确管控责任人，进行严格的管理和控制；同时借助信息化的管理手段，建立危险源数据库，使各类危险源始终处于动态受控的状态。

风险预控管理体系由五部分构成：一是风险辨识与管理。主要规定了煤矿危险源辨识、风险评估流程和职责、风险控制措施的制定和落实以及危险源监测、预警和消警等要求，其作用是将风险预控的思想和理念全面贯彻到体系运行的全过程。二是不安全行为控制。主要规定了煤矿各岗位不安全行为的梳理、机理分析和管控纠正的要求，其作用是保障每个岗位能严格执行正确的安全程序和标准，防止人的失误而导致事故和伤害。三是生产系统控制。主要规定了煤矿采、掘、机、运、通等生产活动，特别是防突防瓦斯、防灭火、防治水等系统的管控要求，其作用是将煤矿安全生产的法律法规以及安全质量标准化的标准全面贯彻到生产各环节，实现动态达标。四是综合要素管理。主要规定了生产系统以外的其他煤矿生产辅助系统安全管理的要求，其作用是实现煤矿安全管理全过程、全方位和全员参与。五是预控保障机制。主要

规定了体系运行组织机构及其安全责任制、体系方针和目标、体系文件化以及体系评价等要求，其作用是保障体系能推动起来和运行下去。神华集团风险预控管理体系的5部分构成中，有28个子系统、160个元素、746个条款。

与传统的安全管理方法相比，风险预控管理体系有其突出的优势和鲜明的特点：一是建立了科学的安全管理流程。主要是通过全面辨识各生产系统、各作业环节、各工作岗位存在的不安全因素，明确安全管理的对象；对辨识出来的各种不安全因素进行风险评估，确定其危险程度，进一步明确各个环节安全管理的重点；依据国家法律法规等要求，结合生产实际，有针对性地制定管控标准和措施，明确安全管理的依据和手段；通过落实管控责任部门和责任人，保证管控标准和措施执行到位。这一流程通过体系内部的预控保障机制得以有效运行，保证了隐患排查治理的有效性。二是把安全生产责任落到了实处。风险预控管理体系强调要建立全方位的安全生产责任制度，对体系中的每个管控元素进行细化分解、责任到人，形成“纵向到底、横向到边”的责任体系。在纵向上，明确了集团公司、各子(分)公司、各矿安全管理的责任关系，什么问题，由哪一级负责，由谁负责，非常清晰。在横向上，通过系统危险辨识，明确了各业务部门的安全管理责任，把安全管理责任由安全管理部门一家延伸到所有业务部门，实现了部门业务保安；通过岗位危险源辨识，明确了职工的岗位安全责任，实现了安全管理责任的全员化。三是实现了超前预防管理。风险预控管理体系要求煤矿全面开展危险源辨识和风险评估，制定风险控制标准和严密的保障措施，使煤矿安全管理由传统管理转变为“辨识和评估风险—降低和控制风险—预防和消除事故”的现代科学管理，同时建立信息网络系统，运用系统自动预警等功能，对各类危险源进行跟踪管控，真正实现了关口前移和超前防范，开创了风险预控、主动式管理的全新模式。四是突出了风险控制的重点和考核机制。主要控制两类危险源：一类是以领导干部和业务部门为主体，开展系统重大危险源辨识与评估，并落实整改措施，杜绝重特大事故；第二类是以区队、班组和一线员工为主体，开展岗位危险源的辨识与评估，并制定有针对性的管控措施，力争杜绝事故的发生。同时，对各矿风险预控管理体系执行情况进行严格考核，将考核结果在全集团公司内排序通报，并与全员安全结构工资挂钩，不同岗位的挂钩比例有所区别，矿级领导挂钩比例高达60%。推行安全风险预控管理体系以来，神华集团安全隐患大幅度下降，重大隐患得到了超前控制。五是建立了循环闭合的运行体系。风险预控管理体系严格执行PDCA（计划、执行、检查、处理）循环管理方法，建立了从管理对象、管理职责、管理流程、管理标准、管理措施直至管理目标的一整套自动循环、闭环管理的长效机制。管理体系内部各子系统之间既相互联系，又独立循环，有力促进了闭环管理持续改进机制的形成，使安全质量标准和措施在体系运行过程中得到执行、隐患在体系运行过程中得到消除。据统计，神华集团推行煤矿风险预控管理体系以来，员工"三违"现象减少了80%以上，设备故障率下降了77%。六是简便实用，便于职工掌握。从某一个矿辨识的危险源来看，多达几千条，似乎难以掌握，但具体到某个部门和岗位，仅有几条或十几条。以神东上湾煤矿为例，综采煤机司机日常工作需要执行的安全标准仅7条，安全措施仅8条，做成一张小卡片带在身上，就可以随时掌握岗位危险因素和作业规范，保证了每个员工更清楚自己该做什么、按什么标准做，切实形成了全员参与安全管理的格局。

神华集团在煤矿推行风险预控管理体系，其可贵之处在于"落实了一个思想，提供了一套方案，解决了一系列问题”，就是把安全第一、预防为主的思想落到了实处，提供了一套系统性的安全管理解决方案，最大程度地解决了因规定不具体而“严不起来”、因操作性不强而“落实不下去”的问题，实现了岗位自主管理和风险超前防范。实践证明，风险预控管理体系是一套全面的、系统的、循序渐进的现代安全管理方法，是一套能够集中解决目前我国煤矿安全管理突出问题的长效机制，是不断提升煤矿安全管理水平的重要抓手。

三、探索一条建设现代化矿井的途径，为实现安全发展开辟了新的路子

神华集团的快速发展起步于20世纪90年代初期。当时我国煤炭工业的整体水平还相对落后，安全生产水平较低。神华集团以国家实施能源战略西移、重点开发建设神东煤田为契机，确立了高起点、高技术、高质量、高效率、高效益的“五高”建设方针，开始了神华集团的跨越式发展。经过20余年的努力，走出了一条具有神华集团特色的“系统科学化、生产规模化、技术现代化、服务专业化、管理信息化”的现代化矿井建设之路。

（一）采用先进科学的矿井设计理念建设新矿井、改造老矿井，最大限度地实现系统优化和集约生产。在新井建设上，充分利用煤层赋存稳定、埋藏浅的优势，优化设计，简化系统，工作面走向延长到3 000～6 000 m，工作面长度延长到240～400 m；采用大断面、多通道的巷道布置方式，实现了低阻力通风，有效控制了煤层的自然发火；采用无轨胶轮化运输，减少了辅助运输环节，大幅度提升了运输能力，减轻了工人劳动强度；采用地面箱式移动变电站，从地面通过钻孔直接向井下供电，满足了工作面长距离供电的要求，安全保障能力大幅提高。神东公司先后建设了世界上首个

7 m 大采高重型工作面、首个中厚煤层综采自动化工作面和国内第一个千万吨矿井，建成了大柳塔、补连塔等 7 个千万吨矿井群和上湾等 3 个千万吨综采工作面。

同时，神华集团将这一先进的设计理念，应用于老矿井的兼并重组和技术改造。1998 年以来，神华集团先后兼并重组了包头、乌达、海勃湾、万利、金烽、准格尔、宁夏煤业、宝日希勒、新疆等 9 个企业 59 座煤矿。将神东、万利、金烽、神东煤炭等 4 家公司合并成立了神东公司，将乌达、海勃湾、蒙西焦化、乌海煤化等 4 家公司合并成立了乌海能源公司。投入数百亿元对新整合的企业进行了大规模的系统优化和技术改造，全面推行“一井一面”综合机械化开采，矿井生产能力、现代化水平、安全状况都有了很大提升，使老矿井焕发出了新活力。神宁公司的白芨沟煤矿通过优化、简化生产系统，使曾有 4 个采区、4 个工作面、11 个掘进头的生产布局，优化、简化成为“一井一面”的生产格局。神华集团经过多年的艰苦实践，不断优化生产系统，成功实现了矿井规模大型化、生产布局集中化、主运系统胶带化、辅助运输胶轮化、安全监控自动化，极大地改善了安全生产环境，增强了抵御灾害能力，为安全生产创造了良好条件。

（二）大投入引进开发先进的安全生产技术装备，推进生产技术装备的现代化。神华集团神东公司瞄准国内外最新、最先进的技术、装备和工艺，先后投入数百亿资金，从美、英、德、澳、南非等国的 20 多家公司引进生产装备 100 多种、1 300 多台(套)。其中，采煤机功率达到 2 925 kW，实现了煤机电气系统的自我调节、机械故障的自动诊断，生产效率得到了极大提升。液压支架用电液控制系统实现了双向自动控制和成组顺序控制，最大工作阻力可达 18 000 kN，使用这种高强度、大阻力、稳定性好、能够带压移动的支架，有效地预防了顶板事故。顺槽采用长距离胶带运输机，使运输能力达每小时 3 500 t 以上。工作面电气设备采用了高电压、大容量的组合式自动调节控制开关，装备了功能齐全的工况参数监控系统，对设备实现在线监控，使故障判断准确、维修方便，有效地防止了机电事故的发生。同时，神华集团坚持产学研相结合，实现了液压支架、刮板运输机、掘锚机等主要采掘设备的国产化，国产化率已达 80%左右，提高了我国煤矿装备制造水平。

（三）着力打造高素质的专业化服务机构，助推煤矿安全发展。为了改变煤矿生产、辅助、后勤等一应俱全，机构庞大、人员众多的局面，神华集团在各子公司强力推行专业化建设，以安全生产为中心，将矿井开拓准备、综采工作面回撤安装、设备管理与维修、物资供应、洗选加工、地质测量、车辆管理、后勤服务等 20 多项业务从煤炭生产核心业务中分离出来，成立了生产服务中心、开拓准备中心、设备维修中心、洗选中心等十大专业化服务单位，不仅有效消除了传统煤矿粗放式管理带来的管理人员多、机构设置多、安全管理难度大等弊端，而且集中了人才、资源等优势，提高了设备、人员工作效率，实现了全公司的减人提效。实施专业化服务后，综采工作面回撤平均用时由 26 天降为 9 天，工作面安装平均用时由 15 天降为 6 天，不仅极大地提高了安装、回撤效率，而且提高了设备利用效率和安全生产水平。

（四）多系统集成应用安全生产网络管理资源，推进安全管理的信息化和自动化。神华集团积极推进安全生产信息化、数字化、自动化建设，建设了国内先进的综合信息系统，搭建了集团总部、子（分）公司、煤矿三级信息网络平台。充分利用信息化技术，先后实现了煤矿监测监控和综合信息管理系统的网络化，实现了胶带运输和辅助生产系统的自动化，实现了井上下变电所、风机房、水泵房等岗位的自动控制和无人值守;全部生产矿井建立了较为完善的监测监控和人员定位系统,90%以上的生产矿井安装了移动通讯系统。除井下移动设备以外,所有固定设备均实现了远程控制、监测和诊断,全部生产过程及设备控制均可以在地面调度室完成,在调度室就可以监控多达上万个点的生产运行状况。特别是自动化综采工作面的实施,实现了工作面的记忆割煤、液压支架与采煤机联动;大运量、大功率、单点多驱动、超长距离胶带运输机的使用,加上 CST 软启动或变频启动、自动顺序开停机、全机分段通讯和监控系统等技术的应用,使主运系统便捷、安全、可靠。井下无线移动通讯的投入使用,可以随时掌握井下作业人员的工作动态,极大地方便了生产指挥和安全管理。这些信息化、自动化技术的普遍应用,大大减少了井下作业人员数量,简化了作业环节,降低了员工劳动强度,提升了整体安全水平。

四、打造一支素质过硬的员工队伍,为实现安全发展构筑了坚强的人才保障

在安全生产工作中,人的因素始终是决定性的因素。提高人的素质,不仅可以实现自保,更能实现互保。神华集团正是基于这种认识,从战略的高度更加重视煤矿人才的引进和队伍的教育培训,实现了矿工队伍素质和自保互保能力的持续提高。

(一)着力构建人岗相宜、人尽其才的选人用人机制,充分发掘人力资源的潜能。2000 年以后,面对煤炭市场好转、人才竞争愈加激烈的形势,神华集团及时调整人才引进策略,变招工为招生,大力引进大中专毕业生。神东公司 2004 年以来共引进 5 377 名大中专毕业生。人才的大量引进,不仅使公司员工的整体文化素质得到了进一步提升,而且使员工的年龄和专业结构得到了不断优化。目前公司员工 21 576 人中,大专以上学历人员占 52%,35 岁以下员工占总数的50%。在选人用人方面,坚持大学毕业生到基层锻炼,从工人做起,从班组长做起;坚持“五湖四海,任人唯贤,任人唯能”,建立了“赛马”与“相马”相结合的干部选拔任用机制,健全了公开竞聘、“三推三考”制度,即根据任职条件,由员工自我推荐、职工联名推荐、单位推荐,经过书面考试、答辩面试、组织考核来甄选人才,同时根据安全状况实行“一票否决”。2009年8月以来,先后组织了10多次管理干部公开竞聘活动,共选拔了259名中层以上管理干部充实到公司重要岗位。同时,在干部使用过程中注重轮岗交流,2009年以来共交流17批337名中层以上的干部,有效促进了企业文化的融合,促进了公司复合型管理人才的培育。

(二)建设培训中心和实训基地,转变培训方式,进一步提升培训质量和效果。神华集团成立了神华管理学院,在北京建设了集培训、研发、成果推广为一体的培训基地;在神东公司建成了多功能的教育培训中心;在神宁公司建立了银川综合实训基地、灵新矿采掘实训基地等五大实训基地。在教育培训工作中,大力推进“三个转变”:一是在培训内容和项目上,推进由基础性培训向专业化培训转变,进一步提升培训的针对性与超前性。二是在培训的方式和方法上,推进由分散无序的单一培训向系统化、规范化的体系培训转变,建立“教材、课程、课件、实操、师资、考务”六大培训管理系统,进一步提升培训效果。三是在教育培训管理上,推进由单一课堂模式向多元教学模式的转变,充分利用实操基地进行实践教学,极大地促进了员工职业技能水平的提高。2007年以来,神东公司共开展安全管理、岗位技能等各类集中培训1 058期,培训员工11.3万余人次,实现了全员持证上岗,广大员工基本上能够做到熟系统、懂原理、严操作、会保安。

(三)加强班组建设和班组长的培养,重点提升班组长的安全技能和综合素质。一是深化班组建设。神宁公司推行了“四五六”班组管理新模式(即坚持安全、工作、学习、活动四位一体,创建学习、安全、创新、专业、和谐五型班组,构建班组建设组织、制度保障、现场安全风险管控、教育培训、文化引领、考核评价六大体系)。深入推进“手指口述”和“准军事化”管理。二是加强班组长培养和选拔。始终注重对员工的理论培训和实践锻炼,把优秀员工选拔到班组长的岗位上来。先后对2 868个班组的3 007名班组长全部进行了公推直选,涌现出了一批安全生产5 000天以上的煤矿和安全生产先进区队、优秀班组、全国及行业先进个人。三是打造班前“第一课堂”。把煤矿每天30分钟的班前会作为对班组安全教育的最前沿阵地,组织员工进行安全教育学习,使班前会真正成为安全生产的第一道工序、安全教育的第一课堂和安全管理的第一道防线。

(四)为适应公司发展战略需要,着力打造世界一流的高端管理人才。坚持把矿长作为煤矿安全生产的关键性人物,下大力气打造矿长团队。从2007年开始,神华集团每年召开一次所有矿长参加的安全座谈会,集团公司主要领导同志亲自讲授神华集团安全发展战略相关内容。明确提出,神华集团的矿长必须要做世界一流的矿长、做煤矿安全的带头人,并从“提升安全理念,抓好质量标准化建设,提高矿井现代化程度,消除重大隐患,增强安全生产执行力,培养过硬作风,创造良好安全环境,提高员工安全素质”等方面对做合格矿长提出了要求,制定了选拔及考核标准,有效促进了矿长这支特殊团队综合素质的不断提升。神宁公司在发挥自身教育培训资源的基础上,每年选派近百名中层管理人员、专业技术人员到清华大学、北京大学等院校进行学习锻炼和系统培训。神东公司充分发挥产学研结合的优势,与清华大学、中国矿业大学等院校建立了长期的合作关系,重点培养高端人才。

人才的聚集和培育，不仅满足了本企业用人的需要，而且还向社会输送了大批人才。近10年来从神东公司走向其他煤炭企业的人才有1 693人，其中中层以上干部455人，技术骨干1 238人。这些人带去了神东公司的先进技术、管理理念和优秀的企业文化，起到了积极的带动辐射效应，为整个煤炭行业的进步作出了贡献。

五、培育一种具有神华特色的安全文化，为实现安全发展营造了良好的氛围

多年来，神华集团在注重理念引领的基础上，把文化作为一种软实力，坚持“安全文化、重在建设”的原则，紧扣“科学发展、安全发展”这一主题，遵循煤矿安全生产规律，始终把文化建设作为铸魂、育人、塑形的战略措施，树标杆、争一流、创品牌，形成了底蕴深厚、朴素贴切的具有神华特色的安全文化，为安全发展提供了有力的文化支撑。

（一）以“树生命至上的安全观，做安全幸福的神华人”为核心，不断丰富完善安全文化建设内容。尊重人、理解人，生命至上、安全第一，是神华集团安全文化建设的重要指导思想。神华集团把这一思想贯穿于生产经营的每个环节，坚决做到“不安全、不生产“，体现了生命至上的庄重宣言。这一安全誓言感染着每一位员工，他们基本上都能做到认真落实岗位责任，自觉践行着自保互保的岗位职责。2008年以来，神华集团全面推进“幸福员工”工程，从提高职工收入、开展沉陷区治理和棚户区改造、改善职工住房和就医、方便子女入学等方面，全方位地提高煤矿职工的幸福指数，神华集团煤矿员工的收入大幅增长，职工居住环境大幅改善，职工幸福感油然而生。特别是通过加强矿井现代化建设，井下文明生产环境得到了极大改善，员工劳动强度大幅度减轻；通过定期为矿工进行健康检查，配备先进防护设施，采取多种措施对矽肺病等职业性伤害进行预防等，使矿工珍惜工作岗位的情感和意识不断增强，极大地鼓舞了广大员工做好安全生产工作的积极性和主动性。

（二）加强安全文化传承与创新的融合，着力凝聚安全发展的精神支撑力量。神华集团虽然成立时间不长，但其兼并重组的煤矿不少是过去的老国有煤矿，有着深厚的煤矿文化传统，表现出煤矿工人特别能吃苦、特别能战斗、特别能奉献、特别顾大局的可贵精神。许多老矿工都深深热爱着煤炭事业，对煤矿有着深厚的感情，有的矿工家庭几代人工作在煤矿，成了矿工世家，父子同队、兄弟同班的情况也多处可见。20 世纪 90 年代以后，随着新技术、新装备、新工艺、新材料在神华集团煤矿的大量推广应用，以神东煤矿建设为代表的新井建设理念和技术不断成熟，又逐步形成了一种独具神华特色的“敢于超越、勇争一流”的现代企业精神。神华集团各级管理人员和广大员工来自五湖四海，再加上大量的大中专毕业生等人才的引进，为煤矿安全文化建设和发展注入了新鲜血液。这些精神在安全发展这一共同目标的指引下，相互融合、互相影响，凝聚成了神华集团煤矿安全发展的强大精神力量。

（三）不断丰富煤矿安全文化建设载体，为煤矿安全发展营造轻松愉悦的环境。神华集团十分重视文化载体建设，充分利用各种生动活泼的文化载体，着力营造浓厚的安全文化气息。在白芨沟煤矿长长的上下井主巷道中，到处回荡着安全主题的音乐，悬挂着安全文化标牌，上面既有矿工亲人的照片，也有矿工家人的温情寄语，如“老公，我和儿子等你回家”、“爸爸，你的平安就是我们全家的幸福”等，浓厚的亲情文化氛围让一种珍惜生命和眷念亲人的思想情怀油然而生。神华集团还经常开展面向全家福宣誓、家属井下探亲、事故现身说法、安全文艺汇演、安全漫画展览、安全事故案例展、安全论坛等一系列活动，让职工群众在喜闻乐见的活动中接受教育、提高认识、陶冶情操。这些丰富的宣教方式，不仅让员工在轻松之余受到了安全文化的感染，而且为煤矿的安全发展营造了浓厚的安全文化氛围。

（四）把严格要求并执行到位变成自觉行动，使安全文化的软实力变成安全发展的硬动力。严格要求并执行到位是神华集团安全管理的一条重要原则。为了确保各项措施和要求能够执行到位，神华集团把每一项制度措施量化到每一个环节、每一个岗位、每一个职工，要求职工严格执行，同时根据执行情况实行激励与惩罚并重的机制。通过长期的程序化管理和标准化操作，促进职工把执行制度变成习惯，把遵章守纪转变成为广大干部员工的自觉行动，使安全文化外化于形、内化于心，真正起到了促进安全生产工作的重要作用。在神东、准能等公司的维修中心，广大职工还主动开展以“变废为宝，共筑安全”为主题的点缀厂区环境活动，利用废旧配件制作安全雕塑，实现了安全生产与文化艺术的有机结合，有力地促进了安全文化建设的创新发展。

神华经验告诉我们，实现企业的科学发展、安全发展，必须坚持以先进的理念引领，神华集团正是在煤矿事故可防可控的先进理念引领下，其安全生产才发生了根本性的变化；必须建立健全并贯彻执行科学适用的安全生产管理方法，神华集团严格执行风险预控管理体系，把保障安全生产的关口前移，超前控制了安全隐患，从根本上扭转了安全生产的被动局面；必须推动技术创新和产业升级，走现代化矿井建设之路，神华集团正是集成应用了一系列先进的技术和装备，优化生产系统和工艺，极大地提高了安全保障能力；必须把人才资源看作第一资源，大力加强矿工素质培训和专业人才培养，神华集团正是基于这种考虑，着力打造了一支具有先进安全管理理念和现代化生产技能的员工队伍，实现了人的发展与企业安全发展的良性循环；必须以先进的安全文化铸魂，营造浓郁的安全发展环境，神华集团正是通过加强安全文化建设，使广大矿工从思想深处更加珍惜生命、更加重视安全，激发出了搞好安全生产的强大精神力量。

神华集团为全国煤矿安全生产创造了很好的经验，但神华人却清醒地认识到，安全生产工作永无止境，煤矿安全只有起点、没有终点，只能从零开始、向零奋进。神华经验不仅适用于神华集团的煤矿，同样适用于其他各类煤矿。神华经验在全国煤矿系统的全面推广，必将对全国煤矿安全生产形势持续稳定好转产生重要影响，推动全国煤矿安全生产水平不断迈上新的台阶。

实践总结与提高 2

本矿的优秀管理制度和对管理的建议

煤矿生产是集体的协作劳动，煤矿安全靠的是生产团队的协同努力。通过白国周班组管理法、手指口述安全确认、塔山煤矿班组管理经验、神华集团煤矿安全生产经验的学习，我们更能感受到煤矿管理的重要，管理出效益，管理出安全，有效的管理离不开管理者的领导和协调，更离不开被管理者的主动配合和对团队的支持。在实践中每个煤矿都有一些适合自身发展条件的有效的优秀的管理制度，每位煤矿工人都难免会在团队管理协作中存在缺点和不足。学员可将本矿的优秀管理制度、本人在团队管理中应该注意的事项总结在表 2-1 中，以便在今后的工作中养成良好的团队管理意识，形成自觉主动服从管理的习惯。

表 2-1　本矿优秀管理制度和个人团队管理注意事项

1. 本矿的优秀管理制度：
2. 个人团队管理注意事项：

复习思考题

1. 白国周班组管理法的主要内容有哪些?
2. 白国周班组管理法的精神特点有哪些?
3. 什么是手指口述?
4. 手指口述的三个基本类别是什么?
5. 你对塔山煤矿班组建设模式有什么启发?
6. 你对神华集团安全生产经验有何感想?

第三章　煤矿开采新技术、新工艺与新设备

第一节　我国安全高效开采技术现状与发展趋势

一、我国安全高效开采技术现状

采煤方法及工艺是安全高效矿井建设的核心。近几十年来世界煤炭科学技术发展很快，特别是 20 世纪 80 年代以来，长壁安全高效综采技术的突飞猛进引起了矿井生产技术的重大变革。我国煤矿通过 30 多年机械化开采摸索与实践，形成了厚及特厚煤层综放开采、大采高综采，中厚及薄煤层综采和连续采煤机采煤法等安全高效采煤方法。

2017 年我国有 12 处煤矿年产量超过千万吨，有 3 个综采队年产量超过千万吨，神华集团神东煤炭分公司哈拉沟煤矿综采队1 064万 t、上湾煤矿综采队 1 048 万 t、补连塔煤矿综采一队 1 000 万 t。神东煤炭公司上湾煤矿综采队 10 月 9 日在 51104 工作面生产原煤50 944 t，刷新了工作面日产世界纪录。神东煤炭公司大柳塔矿大柳塔井 4 月 23 日共生产原煤 86 900 t，创造了世界单井日产原煤最高纪录。神东煤炭公司榆家梁煤矿月进尺最高达7 802 m。

山西焦煤集团汾西矿业公司新峪煤矿高档普采四队在煤层厚度 1.6 m 条件下，全年生产原煤 118.29 万 t，最高日产达到 4 657 t，成为我国第一个高档普采百万吨队。安徽淮南矿业集团公司张集煤矿全部采用国产综采设备，全年生产原煤 702.2 万 t，其中综采一队年产原煤 363.58 万 t，最高日产达到 1.49 万 t。山西潞安环能公司王庄煤矿综放一队采用全套国产综采放顶煤设备，生产原煤 608 万 t。

辽宁铁法煤业公司小青矿采用引进刨煤机、工作面输送机及计算机远程控制系统，在 1.7 m 煤层厚度的条件下，平均月产达到 20.9 万 t、最高日产达到 9 188 t。山西大同煤矿集团公司晋华宫矿综采三队采用全套国产综采设备(MG200 型滚筒采煤机在薄煤层 1.3 m 条件下，全年生产原煤 104.24 万 t、平均月产9.95 万 t、最高月产 13.45 万 t、最高日产7 166 t。

近年来随着放顶煤开采技术的发展，放顶煤支架设计已达国际先进水平。在支架液压控制系统方面，我国以高压大流量快速移架系统为特征，形成了系统及相关阀组合，达到了平均移架小于 12 s/架的水平。我国综放工作面除一小部分进口液压支架配备电液控制系统外，绝大部分工作面尚未使用这种控制系统。

SGZ1200/1400 型长运距、高可靠性工作面后部刮板输送机是目前我国开发研制的功率最大、槽宽最宽、铺设长度最长的缓倾斜放顶煤综采工作面超重型刮板输送机，并首次采用自动伸缩机尾、液压马达紧链装置、调速型液力耦合器及紧凑链等国外先进技术，其主要指标及可靠性达到了 20 世纪 90 年代中期国际先进水平。SGZ1000/1200 型前部刮板输送机是目前国内规格最大的前部输送机，可以与国内外多种规格的强力采煤机及液压支架配套，装机功率达 2×600 kW。

二、我国安全高效开采技术发展趋势

1. 提高工作面单产（单进）和工效

提高综采装备能力是发展安全高效综采的关键，应用机电一体化、自动化和计算机智能化控制等高新技术，生产能力达到日产万吨以上。主要设备包括：

(1) 新型电牵引多电机驱动采煤机，总功率达 1 500～2 000 kW、截深 1.0～1.2 m，装备了以微型电子计算机为核心的电控系统，采用先进的信息处理技术和传感技术，实现了机电一体化。

(2) 工作面刮板输送机普遍采用可控启动和工况监测技术，配备 750 kW 以上大功率电动机，输送能力一般为 2 000～3 000 t/h。

(3) 液压支架普遍采用微机电液智能化控制技术，工作阻力达 8 000～10 000 kN，移架速度达 6～8 s/架以上。

(4) 顺槽转载机装机功率最大达到 525 kW，具备自移功能；顺槽胶带输送机普遍采用液粘差速或变频调速及多电机功率均衡驱动技术，输送能力达到 2 000～3 500 t/h，输送距离达到 2 000～4 000 m，胶带运行速度不断提高，驱动功率超过 2 000 kW。

(5) 煤巷掘进与锚杆支护一体化快速掘进技术与成套装备，配备相应的掘进机械化作业线，逐步更新和装备大功率、中型掘进机，采用掘锚联合机组，岩巷要坚持推广使用液压钻车作业线。

2. 矿井开采的高度集中化

煤矿生产进入综合机械化、生产高度集中化、开采强度高、产量大的时代，传统的开拓部署已不适应现代采煤技术和装备发展的需要。其发展趋势是生产高度集中化，简化矿井生产系统，尤其是简化巷道布置系统和运输系统环节，实现矿井合理集中生产，实现“一矿一面、一个采区、一条生产线”的高效集约化生产模式。

3. 矿井主要参数的大型化

随着高效、强力、快速电牵引采煤机及重型刮板输送机的推广应用，安全高效工作面长度不断加长，采煤工作面长度和连续推进长度的加大，工作面长度达到 350 m 以上、走向长度达到 4 000 m 以上，煤层最大开采高度达到 5.5～6.0 m，最低开采高度仅0.6 m。

4. 矿井生产技术的现代化

(1) 安全高效矿井建设，实质上就是用高新技术对煤炭产业进行改造，提高采掘机械化装备水平；新型装备采用大功率传动技术、机电一体化技术及一系列先进结构，单机设备实时工况监测、故障在线诊断与预报、自动运行、信息储存和对外信息传输等功能；完成综采工作面自动化生产控制技术、网络化监测监控技术的研究开发。

(2) 辅助提升运输采用从地面（井底）直达采煤工作面的运输系统，系统简单，环节少，快速、高效地解决矿井辅助运输问题，因地制宜地采用单轨吊、无轨胶轮车等辅助提升、运输设备，取得了较好的效益。

(3) 主提升运输系统采用高效、大容量提升设备及采用大运量、长距离胶带输送机连续运输煤炭。

(4) 矿井安全高效要装备先进的监测、监控系统，保障矿井生产的高安全性和高可靠性。

第二节　安全高效采煤技术

我国同世界主要采煤国家一样，井工矿井实现工作面安全高效主要为长壁综合机械化开采工艺，我国机械化开采主要方法发展现状如下：

(1) 缓(倾)斜单一长壁及分层长壁综采技术已经成熟;

(2) 缓(倾)斜厚煤层一次采全高综采达到国际先进水平;

(3) 缓(倾)斜厚煤层综放开采技术达到世界领先水平;

(4) 薄煤层通过引进国外先进设备实现全自动化开采;

(5) 大倾角煤层普通综采及综放开采在国内普遍推广。

一、实现安全高效的主要采煤方法

目前我国井工开采矿井实现安全高效的主要采煤方法有:综放开采、大采高综采、单一长壁综采及旺格维利采煤法。由于连续采煤机成套装备国内尚不能生产,适用条件有限,且采区采出率较低,因此旺格维利采煤法仅在我国少数矿区使用。我国实现安全高效的采煤方法主要为长壁开采方法。

(一) 厚及特厚综放开采

自 20 世纪 90 年代起综放开采得到了迅速发展,出现了潞安、兖州、阳泉等以综放开采为主的大型安全高效矿区。目前综放队最高年产量已超过 7.0 Mt,根据有关学者研究,综放开采在条件满足的情况下具有年产 10.0 Mt 的能力。综放开采已经成为厚煤层矿区实现安全高效的主要途径。

(二) 厚煤层大采高综采

我国自 1978 年以来,从德国引进了 G320—20/37 型、G320—23/45 型等型号的大采高液压支架及相应的采煤运输设备,与此同时我国也开始研制大采高液压支架和采煤机。目前,我国部分生产矿井已经采用大采高综采技术进行厚煤层的开采,并取得了良好的经济效益。2005 年,神华集团神东煤炭分公司哈拉沟煤矿综采队年产量达 1 064 万 t、上湾煤矿综采队年产量 1 048 万 t、补连塔煤矿综采一队年产量 1 000 万 t。

（三）中厚煤层单一长壁综采

普通综采由于近年来大功率重型采矿设备（大功率电牵引采煤机、大功率大运量长距离刮板输送机及胶带输送机、高强度电液控制支架）、锚杆支护技术及无轨胶轮车等新型辅助运输技术的不断发展，工作面可靠性得到明显提高，铁法晓南矿综采队在采高小于 3.5 m 的条件下年产达 2.233 Mt，效率为 127.59 t/工。

（四）薄煤层全自动化开采

我国薄煤层开采主要采用长壁采煤法，2001 年铁法小青矿通过引进德国 DBT 公司刨煤机、工作面输送机及计算机远程控制系统，在 1.7 m 的煤层厚度条件下，平均月产达到 20.9 万 t、最高日产达到 9 188 t。铁法小青矿全自动化刨煤机开采技术应用的成功，为我国薄煤层实现全自动化开采提供了新的途径。

（五）大倾角煤层综放开采

甘肃华亭煤电股份公司砚北煤矿开采大倾角煤层，综采一队、综采二队分别在工作面倾角 43°、35°的条件下，采用综采放顶煤工艺，分别生产原煤 254.4 万 t、167.3 万 t。

二、我国长壁工作面装备现状

国外综采单产效率的提高主要是增大工作面尺寸与截深、快速推进和扩展适用范围，特别是不断更新采用机电一体化重型设备的结果。如采用大功率电牵引采煤机、大运力输送机、电液控制液压支架、不停机自移转载机和胶带机尾、工作面设备高压供电以及微机控制的通讯系统等。目前国产的综采工作面装备已基本上满足我国安全高效矿井建设的需要，但与世界先进采矿设备制造国家相比仍存在差距。

（一）采煤机

我国采煤机自主生产自 20 世纪 70 年代起步，80 年代生产的液压牵引采煤机已能满足 1.5 m 到 4.5 m 煤层开采的需要，并解决了一些难采煤层的配套问题，改变了大量依靠进口的状态。至 90 年代，我国自行开发的采煤机已实现了大功率液压牵引采煤机的批量生产，并开发了高性能电牵引采煤机。表 3-1 为我国电牵引采煤机代表机型和主要参数。我国采煤机目前已基本满足中厚煤层综采、大采高综采及综放开采实现安全高效的需要，但适于薄煤层安全高效开采需要的采煤机或刨煤机仍是空白。

表 3-1　　国内代表机型主要技术参数

技术参数＼型号	MG450/1020—WD	MGTY500/1200—3.3D	MG400/920—WD	MXB—880
装机功率/kW	1 020	1 200	920	880
截割功率/kW	450×2	500×2	400×2	400×2
牵引功率/kW	AC50×2	AC55×2	AC50×2	DC40×2
泵站功率/kW	20	20	20	60
牵扯引力/kN	700/420	750/450	685/406	577/360
牵引速度/(m/min)	7.35/12.3	7.7/12.8	7.12/12	7.5/12
供电电压/V	3 300	3 300	3 300	1 140
牵引调速方式	交流	交流	交流	直流
滚筒截深/mm	630～1 000	800	800	800
产品厂商	煤科总院上海分院	太矿集团	鸡西煤机厂	西安煤机厂

（二）工作面液压支架

我国液压支架也同样从引进吸收消化到自主开发研制，形成了现在可应用于不同范围、适应不同生产工艺的多品种、多型式、多系列。ZY、QY 系列为支架主要架型系列，开发了适用于Ⅰ、Ⅱ类基本顶板中等稳定和一般不稳定顶板条件下的轻型支架系列，降低了支架成本。同时也开发了适用坚硬顶板、大采高、薄煤层、大倾角等特殊条件下的支架。近年来随着放顶煤开采技术的发展，放顶煤支架设计已达国际先进水平。在支架液压控制系统方面，我国以高压大流量快速移架系统为特征，形成了系统及相关阀组合，达到了平均移架速度小于 12 s/架的水平。先进采煤国家安全高效工作面液压支架一般均配有电液控制系统，移架速度可达 6～8 s/架。我国综采工作面除一小部分进口液压支架配备电液控制系统外，绝大部分工作面尚未使用这种控制系统。天地玛珂公司采用德国技术，目前已生产出 PM31 电液控制系统，并在国内开始推广应用。

（三）工作面刮板输送机

20 世纪 80 年代中期，我国刮板输送机基本形成槽宽为 730 mm 和 764 mm 两种系列，多种机型的生产格局。1994 年煤炭科学研究总院太原分院与西北煤机厂协作研制出日运输量 7 000 t的 SG7880/800 型整体铸焊溜槽、交叉侧卸式刮板输送机。“九五”期间，煤炭科学研究总院太原分院分别与张家口煤机厂和西北煤机厂合作，研制出我国第一套具备可伸缩机尾调链装置的综放工作面配套输送机，即 SGZ960/750 型综放前部输送机和 SGZ900/750 型综放后部输送机及配套的转载机和破碎机，满足了兖矿集团日产 10 000～13 000 t 的生产需要。“十五”期间，兖矿集团有限责任公司、煤炭科学研究总院太原分院及西北奔牛实业集团有限公司共同研制了 SGZ1000/1200 型和 SGZ1900/1400 型长运距和高可靠性工作面前、后部刮板输送机。SGZ1200/1400 型长运距、高可靠性工作面后部刮板输送机是目前我国开发研制的功率最大、槽宽最宽、铺设长度最长的缓（倾）斜放顶煤综采工作面超重型刮板输送机，并首次采用自动伸缩机尾、液压马达紧链装置、调速型液力耦合器及紧凑链等国外先进技术，其主要指标及可靠性达到了20世纪90年代中期国际先进水平。

三、厚煤层安全高效综采放顶煤开采技术

（一）我国综放技术的发展历程

放顶煤开采技术在我国的发展进程可大致分为以下3个阶段：

第一阶段为探索试验阶段（1982～1990年底）。我国从1982年开始研究引进综放开采技术，并于1984年6月在沈阳蒲河矿开始试验。1988年12月，阳泉矿务局一矿开始试验掩护梁开天窗综采放顶煤工艺，取得了工作面月产58 524 t、效率25.1 t/工的好成绩。到1990年下半年，该矿8603工作面月产突破10万t，比该矿分层综采工作面产量和效率高1倍以上，工作面煤炭回收率超过80%，为放顶煤技术的发展打下了良好的基础。

第二阶段是成熟阶段（1990～1995年）。它标志着我国综放开采技术走上了成熟的独立发展道路，不仅超过了分层综采的技术经济指标，并且在装备上特别是在放顶煤支架的研制上摆脱了完全靠引进国外技术的模式，取得了创新性的进展。1991年研制出新一代低位放顶煤支架，实现了综放技术的重大突破，使综放技术在全国许多矿区开始推广使用。

第三阶段从1995年到现在，是完善提高阶段。这一阶段综放开采巨大的技术优势引起了广大煤矿企业的高度重视；对“三软”、“两硬”、“大倾角”、“高瓦斯”、“易燃”、“较薄厚煤层”等难采煤层的放顶煤开采技术有了长足的发展，并形成了各自的开采特色。兖州、潞安、阳泉等矿区的一批综放工作面的生产指标已超过国外，处于世界领先水平。

（二）我国综采放顶煤技术取得的成就

1. 实现了低投入、高产出的安全高效

① 综放工作面能实现安全高效是带有普遍性的规律，与同等条件下的综采分层工作面相比，绝大多数综放工作面的产量和效率都可提高1～3倍；而工作面直接成本可降低30％～50％。

② 有利于减少工作面数量，减少和简化生产环节，减少井上下辅助工人数，有利于矿井实现集中化生产。

③ 在实现安全高效的同时，降低了巷道掘进率，减少了资源的浪费。

2. 研制成功了适应综采放顶煤的系列架型

在综放开采技术发展的最初阶段，我国的放顶煤支架架型繁多，大多是模仿产品。其中既有仿制东欧的高位放煤支架，也有仿制西欧的多种类型中位及低位放煤支架。由于这些类型的支架存在一些严重的缺陷，在我国都没有得到发展。潞安矿务局和郑州煤机厂研制出的新一代低位放顶煤支架得到应用，并取得了很好的效果后，放顶煤支架架型才逐渐统一定型。以后又陆续研究出了几种新的低位放煤支架架型，形成了我国放顶煤支架自己的、也是国内外最好的支架系列。

3. 提高了放顶煤回采率

根据统计，我国放顶煤开采工作面的回采率平均达到81％～83％，并呈现增长的趋势；区段之间不留护巷煤柱，采区回采率可以达到75％以上，符合国家要求。

4. 建立了综放的安全保障体系

随着矿井生产集中化、大型化、系列化的实现，因煤炭自燃、煤矿粉尘及矿井瓦斯带来的安全隐患尤为突出，做好矿井瓦斯、煤矿粉尘和自然发火的防治工作就尤为重要。我国在放顶煤开采的瓦斯、煤矿粉尘及自然发火的防治方面取得了可喜的成果。

5. 综放开采的基础理论研究工作取得很大成绩

生产技术的发展带动了技术研究和基础理论研究工作的发展，最主要的成果有放顶煤开采工艺、放顶煤工作面矿山压力及岩层控制、顶煤运移和顶煤破坏规律、顶煤和直接顶冒落后的散体煤岩运动规律、顶煤可放性评价标准和放顶煤开采瓦斯运移特点等。

（三）我国综采放顶煤技术发展趋势

① 通过优化工艺参数，合理加大工作面长度，提高装备的自动化程度，使工作面单产水平继续提高，将工作面的年产量提高到600 万～800 万 t。

② 为满足矿井大规模集中化生产的需要，大功率、高性能的设备是必不可少的。进行综放工作面成套装备与技术研究，大幅度提高技术与装备的生产能力、可靠性和自动化程度。

③ 提高设备可靠性和寿命，解决大型设备中一些主要元件体积大、重量大、性能差的问题。

④ 建立健全安全管理体系，提高矿井防范事故的能力，在传统长壁开采方法已有安全技术体系基础上，根据放顶煤开采特点建立与之相应的安全技术体系。

四、大采高煤层安全高效综采技术

我国煤层赋存条件的复杂性和多样性，使得放顶煤开采在一些厚煤层中受到限制。煤层厚度 5.0 m 左右条件下，一次采全厚的大采高综合机械化开采是有效工艺方式，也是国内外 5.0 m 左右厚煤层条件下实现安全高效开采的发展趋势。近年来，随着综采工作面装备水平的提高，大采高综采在我国厚煤层矿区逐渐得到推广使用。目前，国内大采高综采面使用全引进综采设备的神东公司年产已达到 1 000 万 t 以上，晋城寺河煤矿大采高综采工作面，支架最大高度可达 5.5 m，2004 年工作面产量达到 520.58 万 t、最高日产 3.332 万 t。采用国产设备的邢台东庞矿大采高综采工作面采高 5 m，年产达到 220 万 t。神东公司、晋城寺河矿这种大采高综采已成为厚及特厚煤层矿区实现安全高效的又一条途径。

神东公司上湾煤矿综采工作面 2004 年创造了单面单产 1 075 万 t 原煤的世界纪录。上湾煤矿在生产实践过程中不断摸索、总结 5.5 m 大采高工作面的生产实践经验，并及时应用到综采工作面生产过程中，确保综采工作面作业人员和设备安全，避免了周期来压时煤帮大面积垮落、漏矸现象的发生，有效地控制了顶板，为大采高工作面的发展提供了实际经验和实践依据。

五、2.5～3.0 m 中厚煤层安全高效开采技术

在 2.5～3.0 m 中厚煤层实现安全高效开采的最佳技术途径是采用综合机械化开采。兖州矿区在中厚缓斜煤层的综采设备配套方面向高强度高可靠性方向发展，改革发展使用二柱掩护式架型，装备使用大功率采煤机和高强度大功率输送机，实现了采煤工作面的快速推进，综采生产技术得到了长足的发展。ZY6400/18/38 型掩护式液压支架于 2002 年 9 月在鲍店煤矿 $23_{下}$ 09 工作面开始安装生产。11 月份生产 28 天(检修两天)，在工作面通过泄水巷的情况下，创出了月产 31 万 t，最高日产 1.6 万 t，最高班产6 342 t的好成绩，达到了年产 300 万 t 以上的水平。该套支架可与 1 000 mm 截深 MGTY400/930—3.3D 采煤机配套，具有年产 400 万 t 生产能力。

六、中厚(1.5～2.5 m)煤层安全高效开采技术

国外主要产煤国家在 3 m 厚度以下煤层安全高效开采，取得了良好的技术经济效益，国内能实现安全高效的工作面均布置在 3 m 以上的煤层中。对于 2 m 左右的煤层，综采成套设备存在着以下问题：

① 设备配套能力低，薄弱环节多，有些设备的潜力不能充分发挥；

② 支架移架步距小(截深 600 mm)，移架速度慢；

③ 可靠性低，且无故障运行时间短；

④ 手动操作，自动化程度低等缺点，目前尚无年产 150 万 t 及以上安全高效生产的纪录，因此，在中厚(1.5～2.5 m)煤层中发展安全高效工作面在国内还是一个空白。

兖州矿区济宁二号煤矿主采煤层为 3 层煤，分 $3_上$、$3_下$ 两层。$3_上$ 煤层可采储量 9 546.8 万 t，$3_上$ 煤层厚度变化较大，为 0～6.0 m，平均 2.1 m，在二采区和九采区内，$3_上$ 煤层赋存较稳定，煤层结构简单。解决适应该煤层工作面安全高效综采的设备和技术，研究相关的工艺及矿山压力以及相关保障系统等问题，是实现中厚(1.5～2.5 m)煤层工作面安全高效生产的技术关键。

七、薄煤层安全高效开采技术

勘探和开采统计资料表明，我国薄煤层资源不仅分布广泛，且煤质较好，一些省区薄煤层储量比重很大。据统计国有重点煤矿 1.3 m 厚以下的薄煤层，其可采储量约占全部可采储量的 20% 以上。

目前我国薄煤层机械化开采程度较低。由于薄煤层开采工作条件差、设备人员移动困难、地质构造对生产影响大、投入产出比低等原因，开采 1.3 m 以下薄煤层一直是困扰我国煤炭行业的难题之一。1997 年薄煤层产量仅占 6.73%。我国多数矿区厚薄煤层共存，少数矿井采厚丢薄，不但浪费了资源，还造成矿井安全生产隐患。因此，薄煤层开采已成为制约煤炭企业发展和生产接续的突出矛盾。加快发展我国薄煤层自动化开采工作面装备技术是实现煤炭工业可持续发展、解放生产力、实现行业跨越式发展的紧迫要求。

综合机械化在薄煤层开采中的应用促进了薄煤层开采技术的发展，我国有10多个矿井薄煤层实现了综合机械化开采。但我国现有薄煤层综采设备特别是采煤机技术性能落后，生产能力低，可靠性差，缺少强力、可靠的采煤机。薄煤层综采设备出故障后，因空间狭小，维修极其困难。薄煤层综采工作面生产管理复杂，经济效果差，影响了薄煤层综合机械化开采的发展，其产量只占薄煤层的5%，综采发展极为缓慢。

我国薄煤层的开采经历了三个发展阶段。20世纪50年代我国在薄煤层中主要使用炮采工艺。20世纪60年代开始使用深截深截煤机掏槽爆破落煤，平面环行式薄煤层输送机运煤，人工装煤，木对柱或丛柱支护顶板，回柱绞车放顶的工艺系统。在鸡西、淄博等矿区出现了爬底式改装MLQ—64型薄煤层采煤机，工作面单产达6 000～10 000 t/月，比炮采工作面提高了0.5～1倍。20世纪70年代以来，薄煤层机组得到了较大的发展，1974年开始研制新型薄煤层采煤机。20世纪80年代以来单体液压支柱的成功应用，促进了薄煤层机组的发展。BM—100，MLL—150，YRG型等采煤机等相继出现，并在鸡西、双鸭山、七台河、开滦等局使用，取得了较好的技术经济效果，使产量和效率都有了很大提高。

近年来，我国薄煤层开采取得了一定的进展。辽宁铁法煤业集团开发的薄煤层安全高效自动化工作面，以国际最先进的薄煤层自动化开采技术为目标，以集成创新为思路，提出了集国内外先进技术装备组建薄煤层安全高效开采配套技术模式，通过研制德中两国薄煤层开采设备之间动力传动、信号采集、传输和利用等技术结合界面，实现了支架控制系统与德国刨煤机控制系统之间的技术集成与配套，创建了我国第1个薄煤层全自动化开采工作面。使用国产的液压支架，德国DBT公司生产的刨煤机和电液控制系统，在煤厚1.5 m时平均日产3 712 t，最高达6 480 t，生产能力可达120万～150万t/a。枣庄田陈煤矿用国产综采设备开采1.1 m厚的煤层，最高日产达3 504 t，基本达到了年产百万吨的能力。新汶对薄煤层进行了钻采法试验，取得一定成效。

八、综放开采提高煤炭回收率技术

我国从20世纪80年代初引进国外的放顶煤开采工艺并自行研制放顶煤支架，充分利用放顶煤安全高效、低成本的优势，大力开展试验研究。由于采出率低的缘故，1988年以前主要在褐煤和软煤中试验。20世纪90年代初，兖州、潞安等矿区开始在中硬煤中试采获得成功；通过"九五"攻关，坚硬煤层条件放顶煤也获得成功，而且产量和效率均赶超世界先进水平；1997年，兖州东滩矿单产水平突破410万t，1998年该矿又创世界记录，将单产水平提高到501万t；1999年兖州创单产600多万吨的世界新记录。因此综采放顶煤在我国得到了长足发展，而且成为具有中国特色的一种厚煤层新型采煤方法。产量上去了，成本降下来了，但采出率问题一直是困扰放顶煤发展的一个障碍。

围绕提高采出率的理论与技术研究不断发展和完善，工作面采出率由20世纪80年代后期的75%左右提高到90年代中期的80%左右，20世纪90年代末对我国42个局矿的统计(见表3-2)，得出平均工作面采出率84.14%，其中软煤平均86.41%，中硬煤平均83.46%，硬煤平均79.61%，较薄厚煤层轻放支架的工作面采出率达87.06%。20世纪90年代中期，对综放采区采出率的统计，一般为70%左右，通过对回采巷道围岩组合结构稳定性理论的研究，运用窄小煤柱护巷技术和优化采区设计，将综放采区采出率提高到80%，从而实现了厚煤层开采安全、经济、采出率高的要求，使综采放顶煤技术整体上达到了国际先进水平。

综采放顶煤采出率研究经历了三个重大飞跃阶段：

① 提高顶煤放出率阶段(20 世纪 80 年代中期至 90 年代初)；

② 提高工作面采出率阶段(20 世纪 90 年代初期至 90 年代中期)；

③ 提高综放采区采出率阶段(20 世纪 90 年代中期到 90 年代末期)。

我国是以开采厚煤层为主的煤炭大国，无论在储量和产量上均占到 45%左右，目前综放产量每年已达 1 亿 t 左右，若平均提高采出率 10%，每年将多采出煤炭 1 000 万 t，新增加产值 12 亿元，净获利润 3.5 亿元。

兖州矿区厚煤层赋存条件变化较大，存在硬煤条件的如鲍店煤矿，含硬夹矸煤层条件的如东滩煤矿等多种条件。针对煤层赋存的实际条件，从最大限度提高煤炭资源回收率，充分发挥综放开采工艺的优越性出发，形成行之有效的提高煤炭回收率的相关技术，从而使兖州矿区综放开采煤炭资源回收率提高到一个新水平。

表 3-2　　我国主要矿区放顶煤工作面采出率统计

矿名	工作面编号或个数	工作面采出率/%	煤厚/m	倾角/(°)	备注
潞安王庄矿	10 个面	90.02	7	缓倾斜	中硬煤
潞安漳村矿	6 个面	88.49	6.5	缓倾斜	中硬煤
潞安石圪节矿	2 个面	92.24	6.5	缓倾斜	中硬煤

续表 3-2

矿名	工作面编号或个数	工作面采出率/%	煤厚/m	倾角/(°)	备注
阳泉四矿	8312	81.61	5.45	缓倾斜	中硬煤
阳泉二矿	8405	84.9	6.75	缓倾斜	中硬煤
阳泉矿务局	1989、1990年的综放面	82.1	6.0	缓倾斜	中硬煤
兖州鲍店矿	3个面	82.8	8.5	缓倾斜	中硬煤
兖州兴隆庄矿	4316	84.5	8.22	缓倾斜	中硬煤
兖州东滩矿	$43_{上}09$	85.93	6.0	缓倾斜	中硬煤
兖州南屯矿	$13_{上}01$	82.1	6.5	缓倾斜	中硬煤
铜川下石节矿	2042	82.3	5～10	缓倾斜	中硬煤
大雁二矿	+420,30#	81.8	14.02	缓倾斜	中硬煤
徐州三河尖矿	7131	82.0	7.0	缓倾斜	中硬煤
大屯姚桥矿	7509	74.92	4.99	缓倾斜	中硬煤
平庄古山矿	062～1	84.0	13～34	35	中硬煤
平均		83.46			中硬煤
大同忻州窑矿	8916	71.24	8.26	缓倾斜	硬煤
	8911	80.37	7.5	缓倾斜	硬煤
大同煤峪口矿	$8713_{下}$	76.99	6.8	缓倾斜	硬煤
晋城古书院矿	13306	90.5	6.0	缓倾斜	硬煤
晋城凤凰山矿	3304	78.94	6.5	缓倾斜	硬煤
平均		79.61			硬煤
潞安五阳矿	5个面	88.38	7.0	缓倾斜	软煤
靖远魏家地矿	110	84.7	12.0	缓倾斜	软煤
郑州米村矿	15051	86.8	7.67	缓倾斜	软煤

续表 3-2

矿名	工作面编号或个数	工作面采出率/%	煤厚/m	倾角/(°)	备注
平顶山一矿	21032	80.0	6.7	缓倾斜	软煤
梅河三井	东一石门	87.8	55～70	45～65	软煤
梅河四井	2101	88.2	15～27	67	软煤
靖远王家山矿	6 个面	81.4	14.0	45～72	软煤
徐州旗山矿	3121	94.0	4.5	缓倾斜	软煤
平均		86.41			软煤
淮南谢桥矿	1121	86.3	4.83	缓倾斜	轻放、软煤
开滦唐山矿	2492N	84.5	7.0	缓倾斜	轻放、软煤
徐州韩桥矿	113	86.4	4.3	缓倾斜	轻放、软煤
邯郸云架岭矿	12110	88.3	3.6	缓倾斜	轻放、软煤
峰峰薛村矿	92101	80.0	5.3	缓倾斜	轻放、软煤
峰峰羊渠河矿	8250	85.7	3.8～6.0	缓倾斜	轻放、软煤
峰峰孙庄矿	12264	88.0	3.7	缓倾斜	轻放、软煤
邢台矿	7503	87.5	6.5	缓倾斜	轻放、软煤
峰峰牛儿庄矿	52805	89.5	4～5	缓倾斜	轻放、软煤
峰峰五矿	51128	94.4	5.8	缓倾斜	轻放、软煤
平均		87.06			轻放
总平均		84.14			放顶煤开采

九、急(倾)斜特厚煤层综放开采技术

急斜煤层是指赋存角度 45°～90°的煤层。我国西部赋存有大量的急(倾)斜煤层，主要分布于乌鲁木齐、窑街、北京、淮南、开滦、徐州、长广、南桐、资兴、大通等 20 余个矿区。20 世纪 80 年代后期，随着我国综采放顶煤开采技术的日趋成熟，先后在窑街矿务局

二矿和乌鲁木齐六道湾矿务局等煤矿成功试验了水平分段放顶煤开采技术后，急斜煤层的产量得到了快速的提高。华亭矿区 1986 年开始至 1989 年试验成功了滑移支架放顶煤采煤法，1992 年又试验成功了急(倾)斜煤层水平分段支撑掩护式后插板低位综采放顶煤采煤法，1995 年又在工作面上端头成功使用了主副式端头液压支架。

华亭煤电股份公司砚北煤矿采用国内综采放顶煤方面的科技成果，如电牵引采煤机、综采工作面组合开关、综采工作面深孔爆破放顶煤技术、运输顺槽过拐点胶带转角装置、顺槽锚网支护技术、均压通风防灭火技术、综采工作面前置式端头液压支架、综采工作面切眼锚网支护技术、煤流系统电磁阀自动喷雾装置的应用等。使矿井产量近三年来稳步增长(在 2001 年 94 万 t 的基础上，2002 年达到 225 万 t，2003 年达到 350.68 万 t，2004 年达到 402 万 t，2005 年 435 万 t)，最高日产达 1.9 万 t；矿井回采率为 67%，采区回采率为 75.6%，工作面回采率为 93.5%。矿井三年来末发生过自然火灾，未曾出现过瓦斯积聚现象，粉尘浓度分区域除选矸车间之外都控制在规定指标之内。

十、连续采煤机短壁机械化开采成套技术

长期以来，连续采煤机短壁机械化开采技术一直是国内没有解决的问题。国内一般沿用传统的房式、柱式和房柱式简单开采方法，其方法简单、工艺落后、安全性差、效率低、采空区内浮煤多。特别是回收率太低，使用人工炮采的回收率一般只有 30%左右；使用简单机械开采的回收率仅为 50%左右。神东公司经过两年多的研究，自主开发了我国第一台履带行走式液压支架(自移支架)，适用于连续采煤机及后配套设备，在传统的房柱式短壁采煤工艺基础上，经过不断研究、摸索，独创了一套“连续采煤机、履带行走式液压支架短壁机械化开采技术”，形成了一种新型短壁机械化采煤方法。这种采煤工艺具有出煤快、机动性强、生产安全等优点，使不宜或无法布置长壁综采工作面的块段煤层得到合理开采和回收，提高了资源回收率，取得了显著的经济效益和社会效益。

在 20 世纪 50～60 年代，我国比较普遍采用房式、柱式和房柱式等短壁采煤方法。到 20 世纪 70 年代初，随着长壁机械化采煤工艺在国内的兴起和推广普及，短壁采煤方法除地方小煤窑采用外，国有大型矿井基本上不再使用这种方法。主要原因是这种采煤工艺的煤炭回收率低，机械化程度低、通风条件较差、工效低，无法保证安全生产。图 3-1 是传统的房式采煤工作面回采工艺图。在采区内开掘平巷，将煤体切割成方形煤柱，然后在方形煤柱中开掘劈柱巷，并由劈柱巷向两侧再开煤房。开掘平巷和劈柱巷时用锚杆管理顶板，在煤柱中掘煤房时不再打锚杆。这种回采工艺的缺点是产量低、安全可靠性差、通风系统复杂，通风管理困难；回收率低，回收率仅为 30%左右。

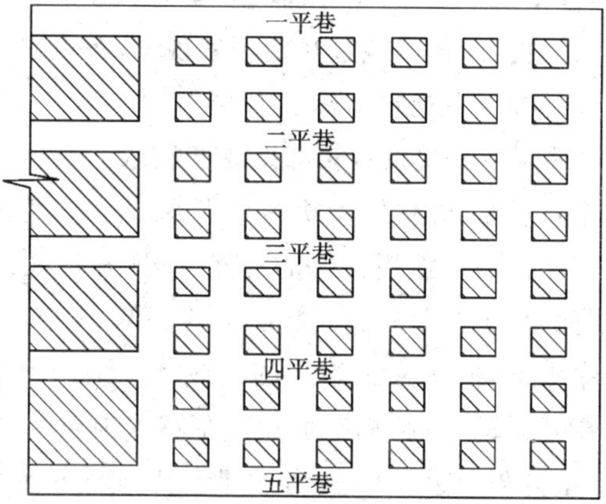

图 3-1　传统房式采煤工作面回采工艺图

从 1979 年开始，我国先后引进了多种型号的连续采煤机，并在条件适合的矿区进行了试验。大同矿务局大斗沟煤矿使用 JOY12CM 型连续采煤机进行刀柱式开采，年产量达 35 万 t，曾创造了月进 2 187 m 单巷掘进的全国纪录；山西大同市姜家湾矿使用连续采煤机条带式采煤法开采，月产达 2.5 万 t，发挥了连续采煤机采掘合一，机动灵活的优点。但当时只是采用了房式采煤方法进行煤柱的回收，仅解决了落、装、运的机械化，并没有实现回收煤柱时的支护机械化问题。因此，在回收煤柱时只能采用部分回收法，在采空区留有大量残余煤柱。

2000 年神东公司首先在大海则、上湾及康家滩煤矿推广"单翼短壁机械化采煤法"，如图 3-2 所示。该采煤法的回采工艺是：回采支巷煤柱时采用单翼斜切进刀方式，进刀宽度为 3.3 m，角度为 60°，进刀深度一般以割透支巷煤柱为准，深度约为 11 m，并在每刀之间留有 0.5～0.9 m 的小煤柱。这种采煤方法与房采工艺

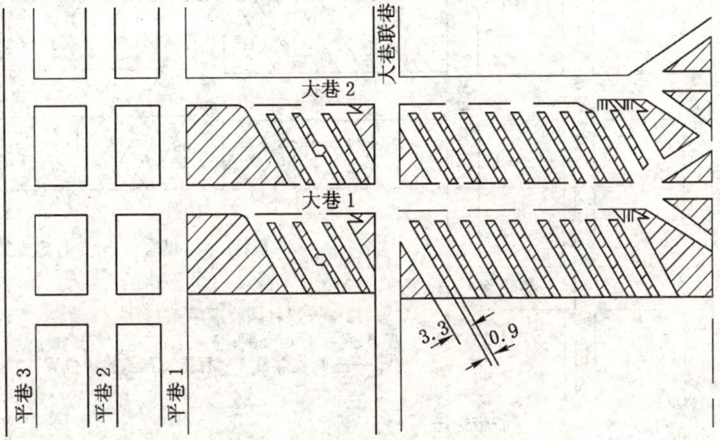

图 3-2　单翼短壁机械化采煤法

相比，回收率有所提高，可达 65%。由于这种采煤法没有履带行走式液压支架，当顶板较为破碎时，回采中顶板容易离层冒落。单翼进刀煤柱留设大，回采效率低、万吨掘进率高。

2000 年神东煤炭公司自主开发研制了履带行走式液压支架，解决了双翼开采存在的问题，同时解决了短壁机械化开采过程中巷道、工作面以及煤柱回收支护工艺的关键技术难题。图 3-3 是短壁机械化双翼回采布置图。该采煤法与单翼短壁机械化采煤法的区别是回收条带煤柱时采用双翼切割煤柱并采用履带行走式液压支架支护顶板，取消了 0.9 m 宽的煤皮，改留设 3.3 m×3.3 m 的正方形煤柱，使回收率由原来的 65%提高到 75%以上，加快了掘进和回采速度，保证了工作面安全生产。使用履带行走式液压支架后，短壁开采采空区残留煤柱如图 3-4 所示，其回收率最高可达 87%，工效达 30～50 t/工，比传统房柱式短壁采煤工作面回收率平均提高了 45%以上。各项技术指标可与长壁开采工艺相媲美。

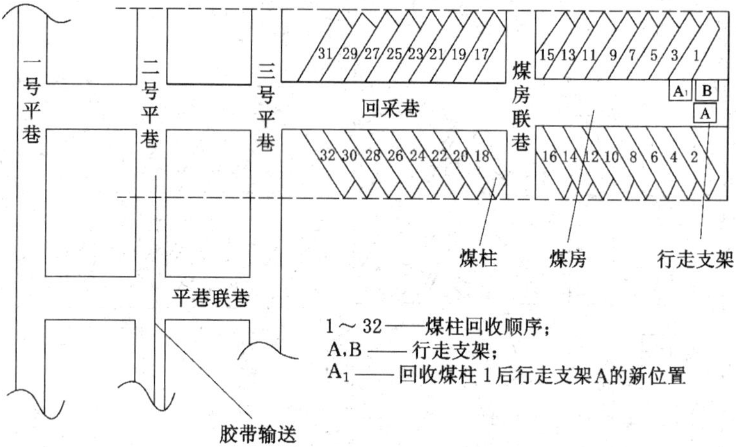

图 3-3　短壁机械化双翼回采布置图

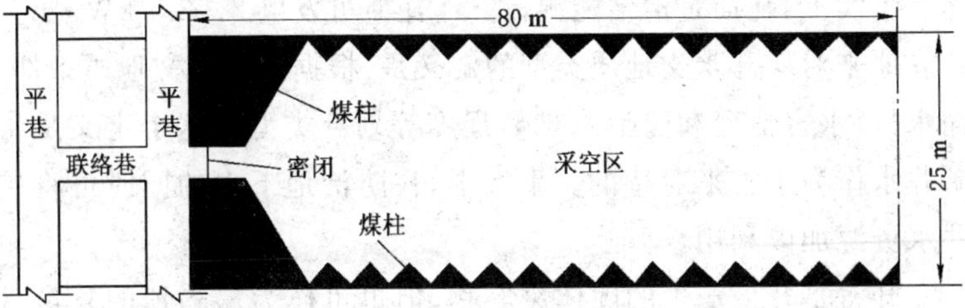

图 3-4　短壁开采采空区残留设煤柱示意图

第三节　煤矿绿色开采技术

煤矿绿色开采是指考虑环境与资源保护的煤炭开采方法。具体来说，煤矿绿色开采以及相应的绿色开采技术，在基本概念上是从广义资源的角度认识和对待煤、瓦斯、水、土地、矸石等一切可以利用的资源；基本出发点是从开采的角度防止或尽可能减轻开采煤炭对环境和其他资源的不良影响；基本手段是控制或利用采动岩层破断运动；目标是取得经济效益的同时，实现最佳的环境效益和社会效益。

煤矿绿色开采具有以下三个方面的内涵与特点：

(1) 对原有矿井废弃(或有害)物观念的转变

从广义资源的角度来说，在矿区范围内的煤炭、地下水、瓦斯、土地、煤矸石、矿井地热以及煤层附近的其他矿床都是宝贵的资源，都应该作为矿区的开发对象而加以利用。而传统煤炭开采中仅将煤炭作为资源对待，其他的并没有作为资源来对待，有的甚至作为有害物来对待。

原来对矿井瓦斯的定义是：矿井中主要以甲烷为主的有害气

体。事实上，瓦斯是清洁能源，1 m^3 瓦斯可发电 3～3.5 kW·h。

原来对矿井水文地质类型的定义是：根据矿井水文地质条件、涌水量、水害情况和防治水难易程度等划分类型。这个定义是将矿井水作为水害来对待的。事实上，在防治地下水的同时可将矿井水资源加以利用。

矸石是开采产生的固体废弃物，但也可作为塌陷地的复垦材料、采空区充填骨料以及制砖材料等。

(2) 从源头上采取措施减轻开采对环境的破坏

从煤炭开采的角度采取措施，即从源头消除或减少采矿对环境的破坏，而不是先破坏后治理，这符合循环经济原则。如通过采矿方法的改变和调整来实现地下水资源的保护、减缓地表沉陷以及减少瓦斯和矸石的排放等。

(3) 基于采动岩层破断运动规律

岩层运动不仅对矿山压力造成影响，而且煤层开采后引起的岩层“变形—破断—移动”是造成一系列采动损害与环境问题的根源。岩体不破坏，水与瓦斯流动、地表沉陷与土地破坏等环境问题都不会发生。因此，绿色开采的基本手段是控制岩层运动，防止和减少采动对环境的不良影响。

一、绿色开采技术框架

对于井工煤矿，绿色开采技术主要包括保水开采、煤与瓦斯共采、减沉开采、矸石减排、地下气化开采等方面。据此构建了图3-5所示的煤炭绿色开采技术框架。

二、减沉开采技术体系

减沉开采就是减少开采引起的地表沉陷以保护土地资源和地面建筑物。我国东部矿区及粮食与煤炭复合主产区应重视减沉开采技术的研究，将减沉开采作为矿区绿色开采的重点。根据目前

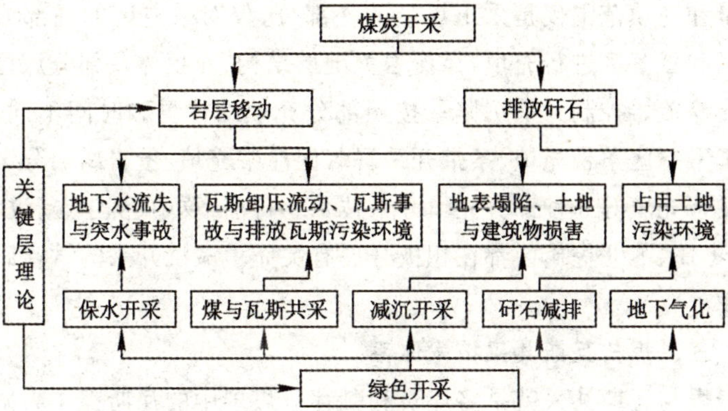

图 3-5　绿色开采技术框架

减沉开采技术发展现状，构建了图 3-6 所示的减沉开采技术体系。

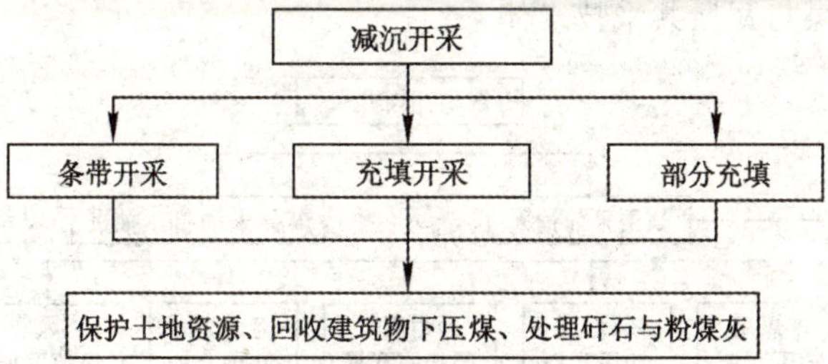

图 3-6　减沉开采技术体系

减沉开采技术主要包括：条带开采与充填开采。条带开采与传统充填开采都存在明显的不足之处，条带开采技术存在的主要问题是：采出率低，浪费大量煤炭资源；而传统的全部充填开采技术存在的主要问题是：充填成本相对煤炭价格偏高，充填量大，充填材料来源受限，充填工艺不能适应煤矿高效开采要求等。综合条带开采与充填开采的特点，提出了煤矿部分充填开采技术，其充填量和充填范围仅是采出煤量的一部分，仅对采空区的局部或离层区和冒落区进行充填，靠覆岩关键层结构、充填体及部分煤柱共同支撑覆岩控制开采沉陷。按照部分充填的位置和时间不同，提出了采空区条带充填、条带开采冒落区注浆充填、覆岩离层分区隔离注浆充填等 3 种部分充填开采技术。目前，冀中、济宁、新汶、淄博、枣庄、淮北等矿区都在积极开展有关充填减沉开采的试验研究工作。

三、煤与瓦斯共采技术体系

煤与瓦斯共采就是将煤炭和赋存于煤层中的瓦斯都作为矿井的资源加以开采，实现两种资源的共同开采。我国高瓦斯矿区应重视煤与瓦斯共采技术的研究，将煤与瓦斯共采作为矿区绿色开采的重点。根据目前煤与瓦斯共采技术发展现状，构建了图 3-7 所示的煤与瓦斯共采技术体系。

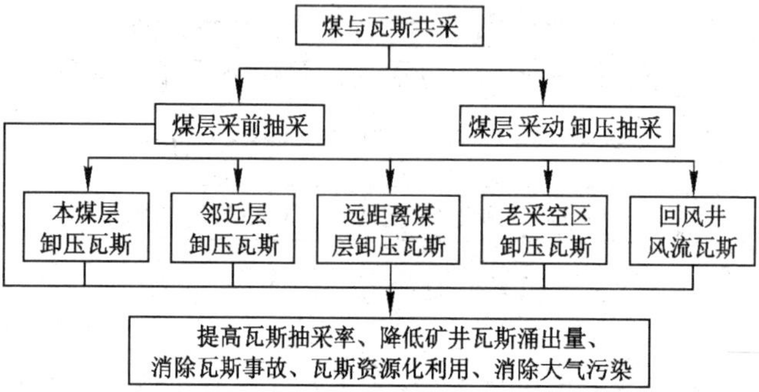

图 3-7　煤与瓦斯共采技术体系

煤层气（瓦斯）开采方法分为煤层采前预抽与采动卸压抽采。在煤层开采前，煤层气开采的效果取决于煤层原始渗透率大小。研究表明，我国埋深在 2 000 m 以内的煤层具有30 万亿～35 万亿 m^3

的煤层气资源，但我国70%以上煤层的渗透率小于$1\times10^{-3}\ \mu m^2$。正因为如此，我国已钻的多口采前地面煤层气井中，除个别矿区（如晋城）外，稳产高产井很少。而如何提高煤层采前渗透率是目前尚未解决的难题。实践表明，一旦煤层开采引起岩层移动，即使是渗透率很低的煤层，其渗透率也将增大数十倍至数百倍，为煤层气运移和开采创造了条件。因此，利用岩层运动的特点将卸压煤层气开采出来将是我国煤层气开采的一条重要途径。基于对岩层采动裂隙动态分布规律的认识提出的卸压瓦斯抽采"O形圈"理论，在一些矿区的卸压瓦斯抽采中对钻孔布置起到指导作用。阳泉、淮南、晋城、铁法、淮北、松藻等矿区在煤与瓦斯共采方面已取得了很大成绩和丰富经验。目前，我国矿井抽采瓦斯的利用率仍然很低，大部分仍排放到大气中，这是煤与瓦斯共采需要进一步解决的关键问题之一。

四、保水开采技术体系

保水开采就是在采煤的过程中对地下水资源进行保护并对矿井排水进行资源化利用。我国西北干旱缺水矿区应重视保水开采技术的研究，将保水开采作为矿区绿色开采的重点。根据保水采煤技术的特点，构建了图3-8所示的保水开采技术体系。

煤层开采后，随着上覆岩层中关键层的破断，在该区域内地下水将形成下降漏斗。地下水位能否恢复，取决于随着工作面的推进，上覆岩层中是否有软弱岩层经重新压实导致裂隙闭合而形成隔水带。若有隔水带，则随着雨水的再次补给，下降漏斗也将随之消失，地下水位随之恢复。而煤层开采对地面生态的影响则决定于漏斗形成与消失的时间间隔。在我国西北部分地区（如大同），煤层顶板为厚层坚硬岩层，表土层薄，煤层开采后顶板破断裂缝从井下采空区贯穿至地表，原有顶板含水层的水全部通过岩层裂缝

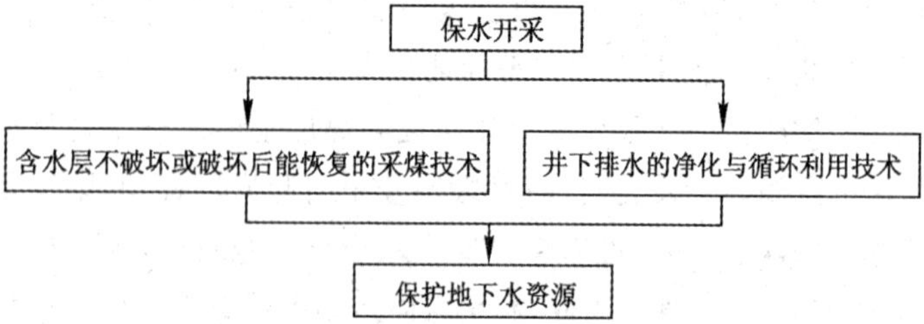

图 3-8 保水开采技术体系

漏失，造成区域地下水干枯。由于贯通地表的破断裂缝难以闭合，地表降雨通过裂缝渗入井下采空区，原有顶板含水层无法恢复。因此，只有对岩层裂缝进行人工注浆封闭，阻断地表雨水渗漏，才能逐步恢复原有含水层。

我国西北矿区已开始重视保水开采问题并开展了初步的研究，但保水开采的技术难度很大，目前有关研究工作才刚刚起步，要实现保水开采还有大量艰巨的工作要做。

五、矸石减排技术体系

矸石减排就是减少煤矿矸石排放量、消除矸石山的堆积。我国所有煤矿都应重视矸石减排技术研究。为此，构建了图 3-9 所示的矸石减排技术体系。

首先是少出或不出矸石，以煤巷取代岩巷，涉及开采布局设计和煤巷维护问题，需要不断研发煤巷高效支护技术。其次是矸石井下处理，就是不将井下岩巷掘进矸石提升出井，通过建立井下矸石转运、储存与充填系统，将矸石充填到采空区或进行巷旁和废弃巷道充填及矸石充填置换井下煤柱等。矸石综合利用包括：将地面矸石作为减沉充填或复垦充填材料，矸石制砖，矸石发电等。

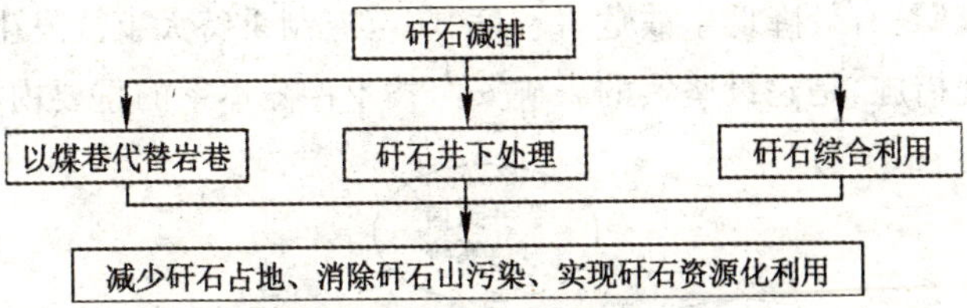

图 3-9　矸石减排技术体系

六、煤炭地下气化

煤炭地下气化就是不将煤炭采出地面，而将其在地下通过热化学反应原地转化为可燃气体，这是一种整体绿色开采技术。对于难以回收的残留煤柱、低品位煤、难采煤层，应积极开展地下气化技术的试验研究。

目前我国的煤炭地下气化技术仍处于工业试验阶段，地下煤炭气化燃烧产生的苯和酚是致癌物质，有可能毒化水资源。另外，煤炭地下气化多联产技术等很多问题都需要去研究和探索。

第四节　煤矿安全避险“六大系统”

《国务院关于进一步加强企业安全生产工作的通知》(国发〔2010〕23 号)要求煤矿制定和实施生产技术装备标准，安装矿井监测监控系统、井下人员定位系统、井下紧急避险系统、矿井压风自救系统、矿井供水施救系统和矿井通信联络系统(即煤矿安全避险“六大系统”，见图 3-10)等井下安全避险技术装备，并于 3 年内完成，逾期未安装的，依法暂扣安全生产许可证、生产许可证。煤矿安全避险“六大系统”是事关煤矿职工安全的生命工程和提高煤矿安全保障能力的基础工程，建立并完善煤矿井下安全避险“六大系统”是有效降低事故危害程度、防范遏制重特大事故发生的综合治理措施，是建设坚实的煤矿安全技术保障体系的重要内容。

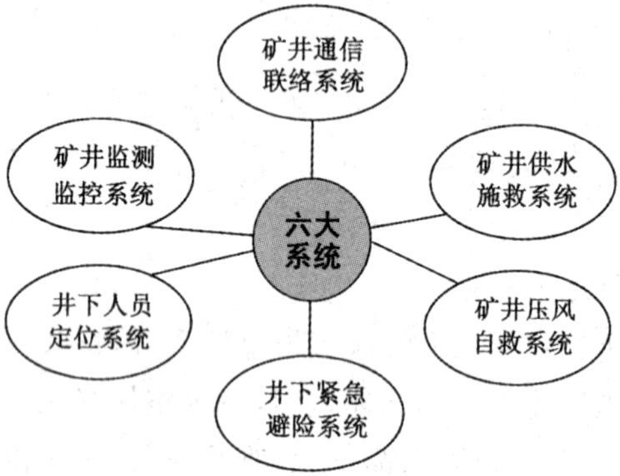

图 3-10

一、矿井监测监控系统

1. 矿井监测监控系统的组成

矿井监测监控系统由主机、传输接口、分站、传感器、断电控制器、声光报警器、电源箱、避雷器等设备组成。

2. 矿井监测监控系统的功能

矿井安全监控系统具有模拟量、开关量、累计量的采集、传输、存储、处理、显示、打印以及声光报警、控制等功能，用于监测甲烷浓度、一氧化碳浓度、风速、风压、温度、烟雾、馈电状态、风门状态、风筒状态、局部通风机开停、主通风机开停，并实现甲烷超限声光报警、断电和甲烷风电闭锁控制。

二、井下人员定位系统

1. 井下人员定位系统的组成

煤矿井下人员定位系统又称煤矿井下人员位置监测系统或煤

矿井下作业人员管理系统。煤矿井下人员定位系统一般由识别卡、位置监测分站、电源箱(可与分站一体化)、传输接口、主机(含显示器)、系统软件、服务器、打印机、大屏幕、UPS电源、远程终端、网络接口、电缆和接线盒等组成。

2. 井下人员定位系统的功能

煤矿井下人员定位系统能够及时、准确地将井下各个区域的人员及设备的动态情况反映到地面计算机系统,使管理人员能够随时掌握井下人员、设备的分布状况和每个矿工的运动轨迹,以便于进行更加合理的调度管理。当事故发生时,救援人员也可根据井下人员及设备定位系统所提供的数据、图形,迅速了解有关人员的位置情况,及时采取相应的救援措施,提高应急救援工作的效率。

煤矿井下人员定位系统在遏制超定员生产、事故应急救援、领导下井带班管理、特种作业人员管理、井下作业人员考勤等方面发挥着重要作用。

三、井下紧急避险系统

1. 井下紧急避险系统的组成

井下紧急避险系统建设的内容包括为入井人员提供自救器、建设井下紧急避险设施、合理设置避灾路线、科学制订应急预案等。

井下紧急避险设施是指在井下发生灾害事故时,为无法及时撤离的遇险人员提供生命保障的密闭空间。井下紧急避险设施主要包括永久避难硐室、临时避难硐室和可移动式救生舱(图3-11)。

所有煤与瓦斯突出矿井都应建设井下紧急避险设施。其他矿井在突发紧急情况时,凡井下人员在自救器额定防护时间内靠步行不能安全撤至地面的,应建设井下紧急避险设施。

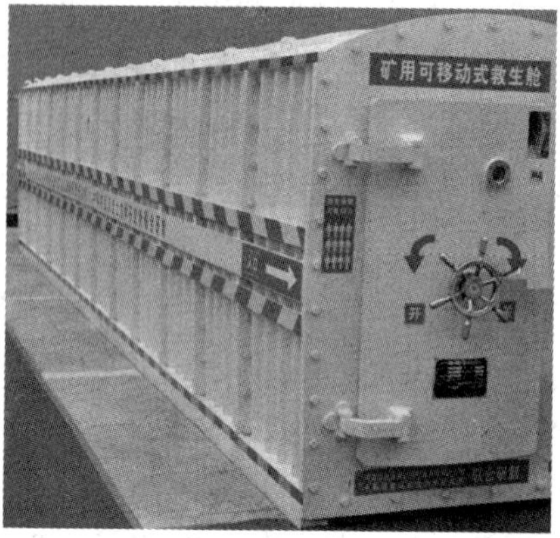

图 3-11

(1) 永久避难硐室

永久避难硐室是指设置在井底车场、水平大巷、采区(盘区)避灾路线上,具有紧急避险功能的井下专用巷道、硐室,服务于整个矿井、水平或采区,服务年限一般不低于 5 年。

(2) 临时避难硐室

临时避难硐室是指设置在采掘区域或采区避灾路线上,具有紧急避险功能的井下专用巷道、硐室,主要服务于采掘工作面及其附近区域,服务年限一般不大于 5 年。

(3) 可移动式救生舱

可移动式救生舱是指可通过牵引、吊装等方式实现移动,适应井下采掘作业地点变化要求的避险设施。

2. 井下紧急避险系统的功能

煤矿井下紧急避险系统能够在煤矿井下发生紧急情况时,为遇险人员安全避险提供生命保障。井下紧急避险设施对外能够抵御高温烟气，隔绝有毒有害气体，对内提供氧气、食物、水，去除有毒有害气体，创造生存基本条件，为应急救援创造条件、赢得时间。煤矿井下紧急避险设施应与矿井安全监测监控、人员定位、压风自救、供水施救、通信联络等系统相连接，形成井下整体性的安全避险系统。

四、矿井通信联络系统

1. 矿井通信联络系统的组成

矿井通信联络系统包括矿用调度通信系统、矿井广播通信系统、矿井移动通信系统、矿井救灾通信系统。煤矿应装备矿用调度通信系统，积极推广矿井广播通信系统和矿井移动通信系统。救护队应装备矿井救灾通信系统。

2. 矿井通信联络系统的功能

矿井通信联络系统是煤矿安全生产调度、安全避险和应急救援的工具。矿井通信联络系统可以满足日常通信联络与抢险救援双重任务，井上调度员能随时与通信系统内的任何一部电话建立联系，并可随时与上级主管部门建立联系。

五、矿井压风自救系统

1. 矿井压风自救系统的组成

矿井压风自救系统由空气压缩机、送气管路、阀门、汽水分离器、压风自救装置（包括减压、节流、消噪声、过滤、开关等部件及防护袋或面罩）组成。

2. 矿井压风自救系统

矿井压风自救系统能够利用煤矿重要动力设备——空气压缩机，在其为井下各种风动工具提供动力的同时，在发生煤与瓦斯突出事故或其他灾变情况时，通过该系统及装置及时向灾区人员提供新鲜空气，实现受灾害威胁人员安全自救。

六、矿井供水施救系统

1. 矿井供水施救系统的组成

矿井供水施救系统一般由清洁水源、供水管网、三通、阀门、过滤装置及监测供水管网系统等其他必要设备组成。

2. 供水施救系统的功能

(1) 防尘供水功能。

(2) 在各采掘作业地点、主要硐室等人员集中地点在灾变期间能够实现应急供水、输送营养液功能。

(3) 过滤水源功能(在防尘供水管道与扩展饮用水管道衔接处或供水终端处增加过滤装置,使水源达到正常饮用水要求)。

(4) 管网异常报警功能(水压异常、流量异常)。

(5) 水源,主干、分支水管管网的压力及流量等的监测功能。

七、"六大系统"使用与维护

煤矿应建立应急演练制度,科学确定避灾路线,编制应急预案,每年开展一次"六大系统"联合应急演练。

煤矿应加强系统设备日常维护,定期对各系统完好情况进行检查,定期进行调试、校正,及时升级、拓展系统功能和监控范围,确保设备性能完好,系统灵敏可靠。

实践总结与提高 3

本矿的新技术、新工艺与新设备

本章介绍了我国安全高效开采技术的发展趋势、安全高效的主要采煤方法和安全高效长壁工作面的装备,简要介绍了厚煤层安全高效综采放顶煤开采技术等 8 项具有代表性的煤矿安全高效开采新技术，介绍了煤矿绿色开采技术和煤矿安全避险“六大系统”。每个煤矿的地质条件，煤层厚度、埋深等条件都不一样，任何一项新技术都不可能适用所有煤矿，煤矿企业可以学习其他煤矿的先进的新技术、新工艺、新装备，并结合本矿的实际进行引进、改进、提高。学员可将本矿最近两年发展的新技术、新工艺、新设备总结在表 3-3 中，以便于及时掌握这些新技术、新工艺、新设备，早日成为技术“大拿”。

表 3-3　　本矿的新技术、新工艺与新设备

1. 新技术：

续表 3-3

2. 新工艺：
3. 新设备

复习思考题

1. 我国安全高效开采技术的发展趋势是什么?

2. 实现安全高效的主要采煤方法有哪些?

3. 什么是煤矿绿色开采?

4. 对井工煤矿,绿色开采技术框架是怎样的?

5. 煤矿安全避险“六大系统”是什么?

6. 井下紧急避险设施有哪些?

第四章 煤矿灾害防治新技术

第一节 矿井瓦斯灾害防治新技术

一、《关于进一步加强煤矿瓦斯防治工作的若干意见》

近年来，国家先后出台了一系列加强煤矿瓦斯（煤层气）防治工作的政策措施，全国煤矿瓦斯抽采利用量大幅度上升，瓦斯事故起数和死亡人数大幅度下降。但随着煤矿开采强度增大、采掘深度增加，瓦斯防治难度越来越大，同时，瓦斯防治责任不落实、措施不到位等问题在一些地方和企业仍然比较突出。为深入贯彻落实《国务院关于进一步加强企业安全生产工作的通知》（国发〔2010〕23 号），坚决防范遏制煤矿瓦斯重特大事故，国务院办公厅国办发〔2011〕26 号文件下发了《关于进一步加强煤矿瓦斯防治工作的若干意见》，就进一步加强煤矿瓦斯防治工作提出了新的要求。

二、加强和规范煤与瓦斯突出矿井鉴定工作

2013 年 11 月 2 日 2 时 6 分，贵州省金沙县黄水坝煤矿发生一起煤与瓦斯突出事故，造成 7 人死亡。该事故地点为＋816 m 水平 K_8 煤层 10802 运输巷掘进工作面，是中国矿业大学（北京）2008 年鉴定为无突出危险的区域。该事故的发生，暴露出煤与瓦斯突出矿井鉴定工作仍存在着薄弱环节和突出问题。为吸取事故教训，进一步加强和规范煤与瓦斯突出矿井鉴定工作，国家安全生

产监督管理总局和国家煤矿安全监察局下发了《关于进一步加强和规范煤与瓦斯突出矿井鉴定工作的通知》(安监总规划〔2013〕116号)。该通知中对煤与瓦斯突出鉴定工作的新要求如下：

(1) 煤与瓦斯突出矿井鉴定机构(以下简称鉴定机构)必须严格依法依规开展鉴定工作。各鉴定机构要进一步健全完善内部管理制度,明确责任,加强管理。每个鉴定机构要确定1名负责人为突出鉴定报告的唯一审批签字人,并于2013年11月底前将本机构鉴定报告授权审批签字人名单分别报国家安全监管总局规划科技司、国家煤矿安监局科技装备司备案,对未按期备案的鉴定机构,要依法暂停煤与瓦斯突出矿井鉴定活动。

(2) 各省级煤炭行业管理部门必须严格突出鉴定报告审批工作。凡经鉴定机构鉴定为非突出的矿井,要由省级煤炭行业管理部门组织专家对其鉴定程序、方法、结论等进行严格审查,必要时应派员到现场复核有关情况。

(3) 各鉴定机构要对2008年以来开展的鉴定报告进行一次全面自查,并于2013年12月底前将自查情况总结报送国家安全监管总局规划科技司、国家煤矿安监局科技装备司。国家安全监管总局、国家煤矿安监局将联合组织检查组,针对鉴定机构资质能力、人员仪器配备、内部管理制度、鉴定及内审程序、矿井鉴定报告等进行专项检查。

(4) 从2014年起,所有鉴定机构要于每年11月底前将年度自检报告报送国家安全监管总局规划科技司、国家煤矿安监局科技装备司。

(5) 各级煤矿安全监察机构查处煤与瓦斯突出事故时,要对出具鉴定报告的相关专业技术服务机构进行调查,如果发现问题,要配合有关部门严肃处理。

三、淮南矿业集团瓦斯综合治理经验

淮南矿业集团所属煤矿历史上曾是瓦斯事故重灾区，1998年以来，积极主动、全面系统地治理瓦斯，建立综合治理体系，探索出了一条具有淮南煤矿特色的高瓦斯矿区瓦斯治理的新路子，成为全国煤矿瓦斯治理的典范，走上了健康快速发展的轨道。国家安全生产监督管理总局、国家煤矿安全监察局组成调研组，会同安徽省有关部门，深入现场进行了调研，对淮南矿业集团瓦斯综合治理经验做了全面总结，形成了淮南矿业集团瓦斯综合治理基本经验。2011年5月3日国家安全生产监督管理总局和国家煤矿安全监察局下发了《国家安全监管总局国家煤矿安监局关于印发安徽省淮南矿业集团瓦斯综合治理经验材料的通知》（安监总煤装函〔2011〕86号），要求有关单位认真组织学习、借鉴，推动煤矿瓦斯防治工作再上新台阶，有效防范和坚决遏制重特大瓦斯事故的发生。

坚持综合治理实现安全发展
——淮南矿业集团瓦斯综合治理基本经验

淮南矿区地处安徽省中北部，国家批准煤炭资源量285亿t，是我国黄河以南煤炭资源储量最大、最具开发潜力的一块整装煤田，全国13个亿吨级煤炭基地和6个大型煤电基地之一。淮南矿业集团为国有独资企业，主要经营煤炭开采与销售、火力发电、房地产、物流、瓦斯（煤层气）综合利用、金融等业务，现有生产矿井13对，在建矿井2对，在岗职工7.2万人。2010年，原煤产量6 619万t，电力权益规模1 192万kW，销售收入512亿元，上缴税费60亿元，资产总额1 001亿元。企业煤炭产量规模、电力权益规模、房地产规模、资产规模、上缴税费和职工收入均列省属企业第一位。被命名为国家首批循环经济试点企业、中华环境友好型煤炭企业、国家级创新型试点企业。

淮南矿区煤炭赋存条件十分复杂，是全国高瓦斯、高地压、高地温条件下开采的典型矿区。煤层气（瓦斯）资源量6 000亿m^3，煤层瓦斯含量12～36 m^3/t，2010年矿区绝对瓦斯涌出量1 332 m^3/min，现有的13对生产矿井中，煤与瓦斯突出矿井12对、高瓦斯矿井1对。淮南矿业集团所属煤矿历史上曾是瓦斯事故重灾区，1980～1997年共发生瓦斯爆炸事故17起、死亡392人。淮南矿业集团痛定思痛，积极主动、全面系统地治理瓦斯，建立综合治理体系，探索出了一条具有淮南煤矿特色的高瓦斯矿区瓦斯防治的新路子，连续13年杜绝了瓦斯爆炸事故，2006年以来杜绝了煤与瓦斯突出事故，成为全国煤矿瓦斯治理的典范，企业煤炭产量、经济效益和职工收入大幅度提高，走上了健康快速发展的轨道。

一、坚持安全发展，树立积极全面的瓦斯防治理念

淮南矿业集团通过深入分析矿区历史上的瓦斯事故教训，清醒地认识到，要根治瓦斯、保障职工生命安全，实现企业健康发展，就必须从根本上转变瓦斯治理理念。

确立了“一先进三保护”（发展先进生产力、保护生命、保护环境、保护资源）的核心理念，以此统领企业安全发展和瓦斯治理工作。

提出了“瓦斯不治，矿无宁日”的理念。淮南矿区被炸怕了，也被炸醒了，不控制住瓦斯事故，矿区不得安宁。保护职工生命，维护企业健康持续发展，必须从根本上治理瓦斯。提出了“瓦斯事故是可以预防和避免的”的理念。破除“淮南矿区发生瓦斯事故是必然的”特殊论，树立积极主动全面的瓦斯治理观。

提出了“瓦斯超限就是事故”的理念。杜绝瓦斯超限，严禁超

限作业，隐瞒瓦斯超限就是犯罪。

提出了“瓦斯是害也是宝”的理念。变被动抽放瓦斯为主动抽采瓦斯，以抽保用，以用促抽，实现了煤与瓦斯共采，治理与利用并重，变废为宝。

实施“可保尽保、应抽尽抽”的瓦斯治理战略。凡具备条件的，都要开采保护层。能够抽采瓦斯的都应抽采，做到抽采最大化。

贯彻“先抽后采、监测监控、以风定产”瓦斯治理十二字方针。将工作面由高瓦斯状态卸压抽采到低瓦斯状态后，再进行采掘作业。执行瓦斯浓度达到0.8%就自动断电，确保监测监控系统真实、精确、可靠。根据通风和抽采能力安排产量，保证瓦斯不超限。

落实“高投入、高素质、强技术、严管理、重利用”的瓦斯综合治理措施。保障投入，提高素质，强推技术创新，严抓流程和现场管理，强化综合利用。

二、坚持综合治理，构建高效有力的瓦斯防治体系

淮南矿业集团在瓦斯防治工作中着力强化“四个综合”，即：人才和投入的综合，技术和管理的综合，装备和培训的综合，抽采和利用的综合。以全面落实“抽采达标”和“两个四位一体”防突措施为抓手，构建“通风可靠、抽采达标、监控有效、管理到位”的煤矿瓦斯综合治理工作体系，通过科学统筹瓦斯治理资金、人才、技术、管理、装备、培训等要素，努力把安全与生产的矛盾统一于先进生产力，有效地保护了职工生命安全，解放了生产力，促进了企业可持续发展。

（一）建立简捷高效的瓦斯综合治理组织架构。集团班子成员中一半以上直接对以瓦斯治理为重点的安全生产负责。董事会、总经理办公会研究确定瓦斯治理重大政策措施，日常管理由安全生产技术板块4位负责人负责。集团总工程师担任董事和常务

副总经理，牵头安全生产技术板块工作，实行安全生产技术经济一体化，从体制上解决安全与生产之间的协调统一问题。在全行业率先组建了瓦斯地质管理研究院，瓦斯与地质相结合，管理与研究并重；成立了专门的瓦斯治理与利用实验室、瓦斯治理督导组，建立了打钻、抽采、井巷揭煤等瓦斯治理专业化队伍。集团和所属煤矿配备地测、通风副总工程师，配强安全机构，配足安全人员。

（二）确保瓦斯综合治理资金投入。2002～2004 年，淮南矿业集团投入 40 亿元，对矿井进行全面技术改造，简化生产系统，更新“一通三防”和采掘装备，使生产力水平与瓦斯治理全面协调。2005～2007 年，按吨煤 33 元提取使用安全费用；2008 年以来，按吨煤 50 元提取使用安全费用，其中 70%用于矿井瓦斯治理，占总成本的 15%。通过充足的资金投入，补还了欠账，建立健全了瓦斯治理相关的系统、工程和设施，加快了瓦斯治理装备升级换代。2002～2010 年，淮南矿业集团用于瓦斯治理与利用技术研发、设备更新、材料和相关工程等方面的资金投入达到 139 亿元。

（三）注重提升全员瓦斯治理综合素质。集团公司大力引进瓦斯治理专业人才，主要领导同志亲自带队到中国矿业大学等十几所高校招纳专门人才，并在全国国有企业率先实行“进门费”（大学毕业生到企业工作即可领取 2.5 万～3 万元的安家费）等政策，从全国 100 多所大学引进瓦斯治理专业毕业生 1 800 多人，引进煤矿瓦斯治理专业硕士以上研究生 90 人，培养在职专业技术人才 280 人。企业主办了一所在教育部备案的高等职业技术学院，为本企业培养瓦斯治理等主体专业学生 4 000 多人，委托培养 1 500 名技能工人。设立五级安全培训中心，聘请企业内外瓦斯治理专家对专业技术人员每 2 年进行一次脱产培训。聘请企业内部拔尖的专业技术人员及高技能操作人才，开展瓦斯治理基础知识培训。

注重加强班队长队伍建设，实行动态考核置换。所有入井人员，每年接受不少于1周的瓦斯治理脱产培训。实行一日一题、一周一案、一月一考、一月一讲，推行“两规范”(规范干部管理行为和规范工人操作行为)和“手指口述”，建立过失性解除劳动合同及待岗、末位淘汰制度。

(四)创新瓦斯综合治理关键技术。企业制定了瓦斯治理科技发展中长期规划，每年确定年度重大创新课题，实行集团公司分管领导项目负责制。积极承担国家级科技计划攻关项目，解决重大技术难题。组建了宝塔式瓦斯治理创新团队，加强与国内外几十家科研院所的产学研合作，全方位鼓励技术创新。每年召开1次以瓦斯治理为重点的技术创新大会，表彰奖励创新项目和创新人才。先后承担并完成了国家“十五”和“十一五”部分重点攻关项目和多个国家科技重大专项。自主创新了卸压开采抽采瓦斯、无煤柱煤与瓦斯共采、煤层群开采条件下井上下立体抽采、深井低透气性煤层揭煤防突等关键技术，为复杂地质条件下高瓦斯、突出矿井安全高效开采奠定了坚实的基础。在瓦斯利用方面，自主研发了低浓度瓦斯气水二相流安全输送技术，解决了低浓度瓦斯利用的安全输送难题，建成了世界第一座低浓度瓦斯发电站。引进创新瓦斯发电余热制冷联供技术，建成亚洲首座瓦斯发电余热制冷集中降温系统和热电冷联供地面集中降温系统。主持或参与编制国际标准1项、国家标准2项、行业标准13项，获国家科技进步奖4项。

(五)制定并执行刚性管理制度。为防止重特大瓦斯事故，淮南矿业集团坚持以刚性制度严管，提高瓦斯防治工作的执行力、落实力。出台了《关于加强防突治本工作的决定》，明确规定一旦发生重大及以上瓦斯责任事故，给予矿长过失性解除劳动合同，迫使矿长头脑中始终装着瓦斯。出台瓦斯治理十项刚性制度，在瓦斯防治上不存侥幸、不走捷径，实施瓦斯区域性治理，坚定不移地开采保护层。出台以瓦斯管理为重点的“安全管理二十条红线”，凡触犯者，一律给予解除劳动合同处理。在全行业率先制定并执行瓦斯浓度0.8%断电制度，并明确规定，凡瓦斯超限作业、隐瞒瓦斯超限、擅自调高监控断电值或缩小断电范围的，一律解除直接责任人劳动合同。将瓦斯超限作为责任事故追查处理，对瓦斯超限煤矿，要求其行政正职在全公司月度安全生产视频会上作检查。集团每周三召开一次视频会议，每次解剖一个矿的瓦斯问题。严格执行各矿瓦斯治理“一矿一策”、“一面一策”，针对不同矿、不同工作面的具体情况制定针对性措施。严格执行各级领导干部带班下井、瓦斯治理督查、瓦斯变化日分析、瓦斯超限分级追查等制度，对一般问题下达整改意见书，对较严重问题盯住不放。实行安全谈话制度，对安全生产被动、瓦斯治理等工作滞后的单位，集团董事长、总经理直接对其党政负责人进行安全谈话。

（六）强化瓦斯综合治理现场管理。规范开采流程，可保尽保、应抽尽抽，能开采保护层的必须先行开采，提前释放被保护层的瓦斯压力。对不具备开采保护层条件的，施工专门的顶板或底板岩巷，在岩巷顶底板施工穿层抽采钻孔，提前预抽煤层中的瓦斯，把瓦斯抽采到安全状态。成立集团、矿两级瓦斯治理督查组和防治煤与瓦斯突出专职督导组，对高瓦斯、突出煤层采掘工作面实行跟踪监管。各矿增加瓦斯传感器设置密度，并实现矿区联网，24 h动态全程监控。瓦斯治理重点工作面全部安设专职瓦斯检查员。瓦斯检查员、防突员、放炮员、安监员做到持证上岗，现场交接班，盯住瓦斯治理现场。对突出煤层实行瓦斯地质图管理，对采掘工作面现场实行防突预测图管理。采掘工作面发生重大地质变化时，立即下达停止生产通知书，采取针对性措施。对所有开采煤层进行瓦斯压力测定和瓦斯含量测定。所有瓦斯抽采计量测定人必须挂牌留名。抽采自动计量装置、设备开停、主要风门开关等全部实现与监控系统联网运行。

（七）综合利用瓦斯（煤层气）资源。2002 年以来，企业变传统的瓦斯“抽放”为“抽采”，实行煤与瓦斯共采，以抽保用、以用促抽。集团对各矿的瓦斯抽采与利用、开采保护层等采取激励政策，每抽采 1 m^3 奖励 0.1 元，每利用 1 m^3 另增加奖励 0.2 元，对开采保护层的追加工资基金。目前矿区年保护层开采面积 300 万 m^2 以上，抽采瓦斯 4 亿 m^3，瓦斯抽采率 62%以上。建设矿区瓦斯民用联网工程，民用瓦斯用户 6 万户，瓦斯储配能力达 23 万 m^3。实施瓦斯发电，建成高浓度（大于 30%）瓦斯发电机组 6 万 kW，建成低浓度（10%～30%）瓦斯发电站 3 座，装机规模 1 万 kW。建成亚太地区第一座热电冷联供项目。开展 CDM 项目国际交流合作，已有 5 个矿井减排指标通过联合国 CDM 执行理事会审核，并与外方签署了购买协议。其中潘集三矿瓦斯利用 CDM 项目是世界上第一个获得签发的煤层气利用项目。

第二节　矿井通风设备行业智能化发展趋势

一、矿用通风设备

煤矿安全设备包括通风设备、瓦斯抽放装置、除尘装置、防灭火和水泵。由于我国煤矿地质条件复杂，地质灾害种类较多，因此“一通三防”成为保证煤矿安全生产的关键。矿用通风设备按用途分为三种：

矿用主要通风机是用于全矿井或矿井某一翼的通风设备，一般安装在地面，给全矿井提供通风动能，按风机类型分有离心式和轴流式，其中轴流式又分为普通轴流式和对旋式。矿用主要通风机调节方式主要有单个叶片调节、叶片静态一次调节、叶片动态一次调节，部分矿井还采用变频调节。

局部通风机是用于矿井无贯穿风流巷道的局部地点通风设备。其中局部通风机根据智能化程度又可分为通用局部通风机和智能局部通风装置。目前，普通局部通风机一般是“一风吹”形式，风机叶片固定，无调节功能；智能局部通风装置主要由先进的变频器、局部通风机及智能控制器组成，可以根据瓦斯浓度智能变频调节局部通风机风量，具备局部通风机风量关联瓦斯浓度自适应“按需供风”功能、自动排瓦斯功能、瓦斯电闭锁功能、风电闭锁功能、双风机双电源自动切换功能和报警功能，是目前局部通风装备中较先进的装备。

二、矿井通风设备的应用前景

煤矿开采属于高危行业，应用齐全、完善的安全设备是矿工生命安全的重要保障。鉴于我国煤矿的复杂性，国家政府高度重视采矿业的安全生产，作为矿山机械设备建设的配套产品，国家安全生产监督管理总局、国家煤矿安全监察局出台的《煤矿安全规程》对矿山的通风管理作出了具体的规定。政府政策的推行，必然带来矿用通风设备市场规模的稳定增长。尽管我国煤炭地面开采相应技术早已成熟，但应用到矿下作业仍需要5～10年，给行业内领先企业技术创新留下了发展空间。此外，虽然国外的开采技术相对先进，但对国内复杂多样的地形地貌，其应用仍具有一定的局限性。

截至2012年，我国煤矿总数已由2008年的1.6万处下降到1.2万处左右。《煤矿安全规程》规定，煤矿1个风井配套2台同型号的主要通风机，按主要通风机10年更换周期来算，每年煤矿理论主要通风机需2 400台主要通风机；1个矿井约安装13台局部通风机，按局部通风机5年更换周期来计算，每年煤矿局部通风机理论市场容量约为31 200台。非煤矿方面尽管没有瓦斯危害，但其粉尘危害非常严重。在此背景下，国家对瓦斯、粉尘、有害气体和有毒气体引起的矿山事故日益重视，而很多中小型金属矿山企业在通风设备投入方面才刚刚起步，甚至未安装通风系统，未来矿井通风设备市场规模相当巨大。

三、行业未来展望

技术创新是矿用设备行业源源不断发展的动力，随着科学技术的不断发展和科研人员的不断努力，未来矿用通风设备发展的方向将是更加人性化与智能化的控制系统，通过对矿井通风实时监测与智能控制，通过机器操作机器，真正实现“有人值守，无人开采”的智能体系，用先进的装备解决矿山安全问题。

1. 矿井通风系统管理智能化

目前煤矿通风系统是靠人为去检测、调整和控制的，为了有效完善煤矿通风管理，矿山企业需要投入大量的人力、财力和时间。数字矿山是未来煤矿安全管理的发展趋势，矿山可利用现有的监测系统扩充功能，增加监测范围，建立数字化矿井通风管理系统。该系统不仅应包括矿井通风系统实时状态、用风地点风量及瓦斯情况、主要通风机运行状态、局部通风机运行状态、通风设施状态，而且在通风系统变化、瓦斯参数变化及灾变时，数字化矿井通风管理系统还应能提高分析决策，给出最优方案。

2. 通风系统控制智能化

(1) 矿井主要通风机监测及智能控制系统。矿井主要通风机具有“矿井肺脏”之称，对于整个矿井的安全生产起到非常重要的作用。矿井主要通风机监测及智能控制系统主要实现矿井主要通风机性能及状态的在线实时监测，以便在生产过程中及时掌握主要通风机的运行参数和状态，还应具备通风机智能故障诊断功能、不停风倒机功能、通风机智能风量调节功能。

（2）矿井局部通风智能成套装备。矿井局部通风智能成套装备主要对瓦斯浓度、风速、温度等外部环境自动检测，利用采集采场瓦斯浓度、风速、温度等传感器信号进行分析、处理，以调节变频器输出频率，实现自动调节风机风量，达到风量自动调节的效果。

（3）矿井区域风流控制及调度系统。矿井区域风流控制及调度系统在监测系统与智能局部通风成套装备的基础上，实时自动调节通风设施，确保用风地点风量满足要求；同时，一旦发生灾变，能根据数字化矿井通风管理系统的决策，远程控制通风设施，实现通风救灾。

3. 通风信息采集与远程监视系统

矿井信息采集与远程监视系统通过有效地整合安全生产监控信息，将安全生产监控监测信息及时、准确地传达到相关人员手中，以便企业管理及技术人员及时掌控通风系统的实时状况。总体来看，大力加强数字化矿井建设，提高采煤装备自动化水平，是减少煤矿人身伤亡事故、实现安全高效发展的最直接途径，也是贯彻落实科学发展观的有力体现。近年来，国家不断加大对煤矿综采装备研发的扶持力度。在这种背景下，只有引领这种技术的企业才能获得未来更大的市场份额。

四、结语

随着国家对矿山安全以及高效节能降噪的日益重视，煤矿企业对矿井通风安全的智能化系统需求日益迫切，直接推动了矿用通风设备制造行业的智能化进程。伴随着市场规范的深入和各项安全生产政策的落实，未来智能化矿山通风设备需求成长较快，技术创新将是引导行业发展的主流。

第三节　煤矿火灾防治技术现状与趋势

煤炭产业是国民经济和社会发展的基础产业，煤炭产业的可持续发展直接关系着建设全面小康社会目标的实现和国家能源安全。我国煤矿安全生产危险源多、灾难严重的形势非常严峻，煤矿百万吨死亡率与国外相比，差距很大。“十五”期间，全国657处重点煤矿中，有煤层自然发火倾向的矿井占54.9%，经验发火期在3个月以内的矿井占50%以上，每年自燃形成的火灾近400次，煤自燃氧化形成火灾隐患近4 000次，仅我国北方煤田累计已烧毁煤炭达42亿t以上。煤矿火灾防治及其继发性灾难的防控技术，对煤矿的安全生产具有非常重要的意义。本节系统总结了目前我国煤矿火灾防治技术特点，并对其应用现状、适用性和发展趋势进行了比较分析，以期对煤矿火灾防治技术的发展提供借鉴意义。

一、中国煤矿火灾防治技术的现状

我国从20世纪50年代起在煤矿推广灌浆防灭火技术；60～70年代对均压透风防灭火技术、阻化剂防灭火技术、泡沫防灭火技术进行了研究应用；80～90年代研究了自燃火灾猜测预告技术、惰气防灭火技术、凝胶防灭火技术、火区快速密闭技术、堵漏风技术、带式输送机火灾防治技术、内外因火灾监测监控技术等；90年代以后主要集中在原有防灭火技术装备性能提升以及新型防灭火材料研制等方面。煤矿火灾防治技术经过60余年的发展，已形成了火灾猜测、监测、预防、治理相结合的综合火灾防治技术体系，并且在灾变时期风流活动及控制、救灾决策辅助系统、灾后抢险救灾技术等方面取得了较大进展。

1. 煤矿火灾监测技术

煤矿火灾是一种非控制性燃烧,其发生发展过程中表现出了一些宏观特征及规律性,人们往往利用这些特征及规律来进行火灾危险识别,即煤矿火灾监测。煤矿火灾早期监测技术主要有气体分析法和测温法,最常用的监测特征参数有气体、温度及烟雾等。

2. 灌浆防灭火技术

灌浆防灭火技术的原理是通过浆液包裹煤块保水增湿减缓煤体氧化速度、浆体固化沉淀物充填煤体缝隙隔绝漏风阻止氧化来达到防灭火的效果。按与回采工艺关系灌浆方法可分为采前预灌、随采随灌、采后灌浆;按实施方法可分为埋管灌浆、钻孔灌浆与工作面撒浆。灌浆防灭火技术是我国煤矿普遍应用和行之有效的方法。

3. 均压防灭火技术

均压透风防灭火技术就是采用透风的方法减少自燃危险区域漏风通道两端的压差,使漏风量趋近于零,从而断尽氧源起到防灭火的作用。常用的风压调节技术主要包括风门、风窗调节法,风机调节法,风机、风窗调节法,风机、风筒调节法,气室调节法,调整透风系统法等。这些具体措施,从调节后的风压变化情况来看,实质上可分为两种类型,即增加风压的措施和减少风压的措施,也就是增压调节法和减压调节法;根据作用原理、使用条件不同,均压技术大体可分为两类:开区均压和闭区均压。在煤矿的正常开采过程中,均压透风已经成为一项系统的、常规的、行之有效的矿井防灭火技术措施。

4. 阻化剂防灭火技术

阻化剂防灭火技术是指利用阻化原理将具有阻化性能的药剂送入拟处理区，利用阻化剂的负催化作用，煤炭经阻化处理后，在煤炭表面上形成一层能抑制氧与煤接触的保护膜，阻止了氧气和煤结构上的活动链环的羧基反应，使煤炭和氧的亲和力降低，阻化剂有一种主动排斥氧和煤化合的功能，但它并不和煤、氧等物质化合，从而达到防灭火的目的。目前常用的阻化剂主要是氯化物。阻化剂防灭火技术包括：① 喷洒阻化剂防灭火技术，是将含有阻化剂的水溶液均匀喷洒到煤体表面，以达到防灭火的目的。② 气雾阻化防灭火技术，是将受一定压力下的阻化剂水溶液通过雾化器转化成为阻化剂气雾，气雾发生器喷射出的微小雾粒可以漏风风流为载体飘移到采空区内，从而达到采空区防灭火的目的。阻化剂防灭火技术由于其成本低、工艺简单，在全国范围内得到了广泛应用。

5. 泡沫防灭火技术

泡沫防灭火技术是以化学方法产生膨胀惰性泡沫，以进行防灭火处理的一种技术手段。由于其可堆积、活动性好，并且有一定的固泡时间，所以更适用于深部高温区域的防灭火工作。常用的泡沫防灭火技术有化学惰气泡沫防灭火技术和三相泡沫防灭火技术。

6. 惰化防灭火技术

惰化防灭火技术是指将惰性气体送进拟处理区，达到抑制煤自燃或扑灭已生火灾的技术，按惰性气体的种类可分为氮气防灭火技术、燃油惰气防灭火技术和 CO 防灭火技术。

7. 凝胶防灭火技术

凝胶防灭火技术是 20 世纪 70 年代以来研究出的一项防灭火

新成果，适用于处理巷道帮、顶、高温区域、撤面期间的自燃隐患以及火区治理。凝胶防灭火技术应用于防火时起到覆盖、堵漏、隔氧、阻化的作用，应用于灭火时起到降温、覆盖、堵漏、隔氧、防复燃的目的。

8. 堵漏风防灭火技术

堵漏风防灭火技术用于采空区密闭堵漏风、隔离煤柱裂隙堵漏风、无煤柱工作面巷道巷帮隔离带堵漏风等多个场合。初期的堵漏防灭火措施主要为灌注黄泥浆、砂浆等，近年来研究成功了各种性能优良的新型充填堵漏材料，如无机固化粉煤灰、轻质膨胀快速密闭堵漏材料等。无机固化粉煤灰充填防灭火技术指以粉煤灰为主料，添加固化激发剂、硬化速凝剂和水，增加粉煤灰的活性，在高水分含量下实现活动性灌注粉煤灰浆体，并控制其固化速度，以实现防灭火的目的。无机固化粉煤灰经济成本低，堆积能力强，固化以后不脱水(或少脱水)，初凝时间和固化强度可调，具有堵漏、防火、灭火、防复燃、充填支撑等功能，可用于防治巷道高冒、空洞、沿空巷道帮、溜煤眼、联络巷、停采线、采空区等地点煤炭自然发火。快速密闭封堵漏风是煤矿井下灭火时的最关键和基本的手段。

9. 综合防灭火技术

煤矿火灾防治是一系列措施方案组成的综合技术体系。矿井防灭火技术的实施必须面对复杂的矿井地质条件、多变的人员作业条件、艰巨的现场工程条件以及不可确知的火源或发火隐患变化条件等方面的制约，往往采取单一技术方法不能取得理想的防灭火效果，为此，必须因地制宜，采取综合防灭火措施，即将几种防灭火技术手段有机地结合起来，可达到最佳的防灭火效果。

目前，在煤矿生产实践中，“以防为主”的防灭火原则基本得到了贯彻，并逐渐形成了火灾猜测、监测、预防、治理相结合的综合火灾防治技术体系。

二、技术发展趋势

1. 加强应用基础研究，创新防灭火技术的理论基础

煤矿火灾的发生发展是一极其复杂的演化过程，并且处于受限空间的巷道网络系统中，具有复杂性和特殊性，因此基础性的应用型研究工作对于煤矿防灭火技术的创新与开发具有十分重要的意义，比如煤矿火灾演化过程规律及其定量指标，煤最短自然发火期快速量化测定技术的理论依据及关联评价方法等。

2. 突破关键技术，使防灭火新材料及装备更具有针对性

有针对性、实用性的防灭火材料、技术、工艺与装备是煤矿防灭火工作的重要保障，深入开展无毒生态型防灭火新材料及专用装备、隐蔽火源精确探测技术与装备等方面的研究，取得关键技术突破，才能根本性提升煤矿防灭火技术水平。

3. 开发灾变应对技术，控制煤矿火灾的扩大

煤矿火灾引发大量有毒有害气体的产生与蔓延，严重威胁着矿井通风系统的安全，并存在进一步诱发瓦斯（煤尘）爆炸（燃烧）重大灾难的可能。因此，必须深入研究煤矿火灾灾变气体蔓延规律及其与瓦斯灾难的转化机制，开发基于矿井网络系统的快速应变技术与专用装备，控制煤矿火灾的扩大与继发性灾难的发生。

4. 立足系统安全，实现矿井防灭火系统的动态分析与控制

煤矿防灭火技术的设计、实施与实现是一项复杂的系统工程，并关联于人机环境。从系统工程的角度，将防灭火猜测预告、监测监控等煤矿火灾不同时期的防治技术有机地结合起来，实现从矿井通风系统防火设计到矿井防灭火技术方案实施的全矿井防灭火系统的动态分析与控制。

煤矿火灾是制约煤矿安全生产的主要灾难之一，煤矿火灾防

治技术及其继发性灾难的防控技术，对煤矿的安全生产具有非常重要的意义。中国煤矿火灾防治技术经历了60余年的发展，在煤矿火灾监测、灌浆防灭火、均压防灭火、阻化剂防灭火、泡沫防灭火、惰化防灭火、凝胶防灭火、堵漏风防灭火技术方面取得了多项科研成果，已逐渐形成了火灾猜测、监测、预防、治理相结合的综合火灾防治技术体系。

煤矿防灭火技术的设计、实施与实现是一项复杂的系统工程，只有通过加强应用基础理论研究，开发适用性防灭火材料、技术、工艺与装备，有效控制煤矿火灾扩大与继发性灾难，将各种技术有机地结合起来，才能实现全矿井防灭火系统的技术创新。

第四节　煤矿水灾综合防治技术

在矿井建设和生产期间，大气降水、地表水和地下水都有可能通过各种通道涌入井下，这些涌入矿井内的水统称矿井涌水，当矿井涌水超过正常排水能力时，就会酿成矿井水灾。2010年全国共发生38起矿井水灾事故，共造成224人死亡，其中山西王家岭“3·28”透水事故最终造成38人死亡，直接经济损失近5 000万元。据统计，目前受水害威胁的矿井占全国重点矿井总数的48%以上。因此，防治矿井水灾对矿井的安全生产以及矿工的生命安全有着极其重要的意义。

一、矿井水灾发生的必要条件

1. 充水水源

矿井充水水源主要有大气降水、地表水、地下水。

2. 充水通道

(1) 断层裂隙。由构造断裂形成的断层破碎带，以及部分处于地震带的矿井由于受地震影响在水源和井巷之间形成的裂隙，一般具有较好的透水性，是矿井良好的天然充水通道。

(2) 导水陷落柱。在石灰岩等可溶性岩层地区，由于地下水的溶蚀作用而产生洞穴，上覆岩层受重力作用而塌陷，塌陷体为环形柱状，俗称陷落柱。陷落柱一般不同程度地贯穿奥灰以上的地层，可以成为奥灰水进入矿井的通道。

(3) 顶板冒落裂隙。煤层开采后将会形成采空区，如果没有专门的顶板管理技术，则会造成采空区上方岩层的变形、移动、破坏，甚至形成开裂、离层或碎块状垮塌。这些变化都可能会形成导水通道。

(4) 底板突破通道。某些巷道的掘进和巷道的开发会破坏原地层底板隔水层两侧的水压和地压，形成导入矿井的良好通道，将地表或地下水引入矿井中。

(6) 煤矿的井筒。井口标高低于最高洪水水位的井筒和未按要求封闭的关闭矿井井筒有可能成为地表水进入井下的人工通道，造成淹井事故，地下水渗透井筒壁进入井下，也能给煤矿建设和生产带来巨大灾难。

二、矿井水灾综合防治措施

1. 地表水防治措施

(1) 合理布置井筒位置。各井筒井口及工业场地的基础标高均应比当地历年最高洪水水位高。

(2) 排放积水。矿区开采后的采空区易引起地面沉降塌陷，这些塌陷区容易积水，塌陷区范围越大，积水越多，这些积水应当及时排放。

(3) 充填、平整塌陷区。煤层开采后往往形成采空区，若无专门的顶板管理技术，则必造成地表塌陷，这些塌陷区易积水，除及时排放塌陷区中的积水外，也可用井下巷道掘进出的矸石对塌陷区充填平整。

(4) 加固河床堵渗漏。矿区范围内有流水沿河床或沟底沿裂缝渗入井下时，则应及时在渗漏区段用黏土、黏石或水泥铺垫河底，防止或减少渗漏。

(5) 填堵通道。矿区范围内，因井下采掘活动引起地面下沉、开裂、塌陷而形成的矿井进水通道，应用黏土、水泥或黏胶予以填堵。

(6) 整改河道。矿区范围内有河流、沟渠或其他积水区应尽可能地改道或疏干，防止地表水经过各种途径进入井下。

(7) 建排洪渠道。有足够排洪能力的沟渠能在汛期有效防止山洪。

(8) 加强管理检查工作。定期对上述措施效果检验，及时发现问题，提出相应措施，及时解决。

2. 井下水防治技术

(1) 查明充水水源和充水通道

① 深入了解冲击层的厚度和组成及各分层的透水性和含水性。

② 掌握断层和裂隙的位置、落差以及长度、破碎带范围及其含水情况和导水性能。

③ 掌握各含水层和隔水层数量、厚度、位置、岩石性质，各含水层的涌水量、水压、渗透性及其到开采煤层的距离，地质勘探钻孔的填实情况及其透水性。

④ 调查老窑和正在开采小煤窑的位置分布、开采范围、开采深度和采空区的积水分布状况，废弃钻孔的填实情况，掌握受采动影响造成的塌陷区、裂隙、沉降带的高度及其对涌水量的影响。

(2) 做好水文观测工作

① 掌握当地气象、降水量与河流水文(流量、枯水期及汛期的水位)资料,掌握地表水的分布、水量的补给和排泄条件。

② 通过探水钻孔和水文地质观测孔,观测各种水源的水压、水位和水量的变化规律,分析水质来确定矿井水的来源。

③ 观测矿井涌水量及其随季节变化的规律。

④ 掌握汛期洪水对矿井工业场地以及井下安全生产的影响程度。

(3) 井下探放水

① 采掘工作面接近老空或含水断层。

② 接近或需要穿过强含水层、溶洞或陷落柱。

③ 采掘煤层受顶板含水层威胁或采掘工作面发现煤层变潮和光泽变暗。

④ 煤层"挂汗"及煤壁变冷,工作面气温降低甚至出现雾气。

⑤ 巷道顶板淋水或地板鼓起。

⑥ 接近有出水可能的钻孔。

(4) 疏放排水

在探明矿井水源后,可根据不同的水源类型采取不同的方式,将这些潜在的危险水源疏放干。其方法一般是在井下布置专门的放水或吸水钻孔,或专门的疏水巷道,有计划、有步骤地疏干或降低含水层的水位和水压,改善井下作业条件,局部疏干地下水,改善井下作业条件,为井下的安全生产提供必要的安全保障。根据不同类型的水源,可采取不同的疏放水方法与措施。

(5) 注浆堵水

注浆堵水可减轻矿井排水负担,节省排水用电,从而降低吨煤成本;保护地下水资源,减轻对环境的破坏;改善采掘工程的劳动条件；加固井巷和工作面的薄弱区域，降低透水可能。在遇到下列情况时一般可使用注浆堵水：

① 当有导水通道连接涌水水源与强大水源时，用疏放排水的方法不可能或不经济时；

② 当巷道接近或必须穿过一个或若干个含水丰富的含水层或含水构造带时，如果不堵住水源将给矿井安全生产带来很大的危害时；

③ 当立井井筒或工作面严重渗水，为了加固井壁、改善作业环境、降低排水费用时；

④ 对于一些涌水量特别大的矿井，为了减少矿井涌水量，降低常年排水费用从而降低吨煤成本，也可采用注浆方法堵住水源；

⑤ 对于隔水层受到破坏的局部地质构造破坏带，除采用隔离煤柱外，也可用注浆加固法建立人工保护带。

(6) 截水

① 留设防水煤柱。在矿井可能受水威胁的地段，留设一定宽度或高度的煤(岩)柱，称为防水煤柱。在煤层露头风化带，含水、导水或与富含水层相接触的断层，矿井水淹区，受保护的地表水体，受保护的导水钻孔，井田边界，须留设防隔水煤柱。

② 水闸墙(防水墙)。水闸墙分为临时性和永久性两种。临时性水闸墙一般用木料和砖砌筑，一旦透水，可迅速将水堵在小范围内，这种水墙只能起临时抢险的作用；永久性水闸墙多用混凝土或钢筋混凝土浇筑，这类防水墙技术要求高，是一种重要的安全设施，多用于开采结束后隔绝大量涌水的区域。

③ 水闸门。水闸门一般设置在有透水危险性的采区的巷道出入口和井下主要设施(如井底车场、水泵房、变电所等)与矿井联络的巷道内，一旦发生透水事故，可关闭闸门，控制水害影响范围。

通常设置在有足够强度的隔水层地段，由混凝土墙、门框和门扇组成，门框的尺寸应能够满足运输需要，门扇可根据水压大小用钢板或铁板制成。

矿井水灾的防治工作不仅关系到矿井的安全生产及矿工的人身安全，也关系到矿区的资源保护。在掌握矿井水灾发生的必要条件之后，使井上与井下结合，有针对性地采取措施，煤炭行业管理、煤矿安全监管部门和煤矿安全监察机构要密切配合，指导煤矿企业加强对水害隐患的排查整改，加强对辖区内煤矿的监管监察力度，做好矿井水灾防治工作。

第五节　煤矿采掘工作面综合防尘技术与发展趋势

矿井粉尘是煤矿五大自然灾害之一。煤矿粉尘因其自身的理化特性，导致其在具有爆炸危险性的同时，还具有减少仪器设备的使用寿命和精度、降低生产现场可见度、容易自燃以及导致长期接尘人员患职业病（尘肺病）等危害。可见，煤矿粉尘不仅威胁着矿井的安全生产，还严重危及着矿工的身心健康。

由于采掘工作面的产尘量占全矿井的85%以上，因此煤矿粉尘治理以采掘工作面为主。随着采掘机械化程度的不断提高，矿井的开采方法和采煤工艺向着高效、集约化生产的方向发展，产尘量大大增加，粉尘危害不断加剧。据测定，在未采取防尘措施时，综掘工作面的粉尘浓度可高达2 500 mg/m^3，一般的综采工作面粉尘浓度可高达5 000 mg/m^3，综放工作面的粉尘浓度甚至高达8 000 mg/m^3，如此高的粉尘浓度严重制约了煤矿企业的安全高效开采，因此必须采取有效措施对煤矿粉尘进行防治。

一、采掘工作面的粉尘防治技术

目前,世界主要产煤国采掘工作面的粉尘防治主要是通过三个方面来实现的。一是在采煤之前,通过注水提高煤体的润湿性,以降低煤体产尘的可能性;二是在开采时,利用特定的防尘技术控制尘源;三是利用相关除尘技术或设备,及时把产生的粉尘过滤或排除掉。具体而言,目前矿山防尘有以下几种常用技术。

1. 通风除尘

通风的重要目的就是将井下粉尘稀释到安全浓度以下并排出矿井。决定通风除尘效果的主要因素有风速、风流方向及粉尘密度、粒度、形状、湿润程度等。风速过低,粗粒粉尘将与空气分离下沉,不易排出而滞留在采掘空间,增加粉尘的浓度;风速过高,虽然能够将粉尘带走,但又使采掘空间的落尘重新吹起,反而会增加粉尘浓度。一般而言,掘进工作面的最优排尘风速为0.4～0.7 m/s,机械化采煤工作面的风速为1.5～2.5 m/s。采煤工作面、掘进煤巷最高允许风速为4 m/s,这不仅考虑了采掘工作面通风的要求,同时也考虑到粉尘的二次飞扬问题。

2. 减少和抑制尘源产生

煤矿采掘工作面产生的粉尘可分为全尘和呼吸性粉尘,其中呼吸性粉尘对工人的身体健康有极大的危害。因此,在抑制尘源的同时必须降低呼吸性粉尘浓度。防治呼吸性粉尘不仅可以减少总产尘量,同时可以减少呼吸性粉尘的比例,是矿井控尘中应优先采用的技术措施。主要方法有煤层注水、湿式打眼、水封爆破、水炮泥、改进采煤机和掘进机的切剥机构和工作参数等。

煤层注水是利用水的压力通过钻孔把水注入即将回采的煤层中,使煤体得到预先湿润,以便减少采煤时浮游粉尘的产尘量。这种措施降尘效果较好,一般可降低粉尘浓度60%左右。国外采用煤层注水的工作面数量占总工作面数量的比例很高，而我国采用煤层注水的工作面数量则较少。近些年来，针对裂隙发育差和孔隙率低的煤层注水困难的问题，我国逐渐发展和完善了煤层脉冲式注水方法，实现了对该类煤层煤体的充分湿润，对尘源进行了有效抑制。

3. 喷雾降尘

喷雾降尘在降尘方面具有经济、简便和实用的优点，并且降尘效果好，已成为煤矿采掘工作面应用最为广泛的一种降尘方式。

(1) 采煤机和掘进机喷雾降尘技术

机械化采掘过程中，尤以采煤机和掘进机产尘最为突出，采煤机和掘进机滚筒割煤(岩)时产生大量的粉尘，成为机械化采掘工作面防尘的重点。目前，国内外对采煤机和掘进机割煤(岩)时采用的喷雾降尘技术主要有以下几个方面：

① 滚筒摇臂径向雾屏降尘技术。该技术是在采煤机的滚筒摇臂上装设锥形喷嘴，利用喷嘴喷射空心雾流，形成雾流屏障，以降低在滚筒割煤时产生的粉尘。

② 内、外喷雾降尘技术。从传统的技术方面，采煤机和掘进机内、外喷雾降尘技术常常因内喷雾喷嘴堵塞或系统密封漏水，外喷雾也常因水压不足等各方面原因未能有效发挥作用。而目前，国外已经出现用二级过滤系统来解决水质不洁而造成的内喷雾堵塞问题。高压外喷雾技术在法国、前苏联和美国都有较早的应用，降尘效果高达85%以上。在我国，部分煤矿固定泵供水高压外喷雾技术和机载泵高压外喷雾降尘技术都有了试点应用。

③ 高压喷雾负压一次降尘技术。该技术主要是利用高压喷雾降尘和负压喷雾降尘原理，喷吸装置向尘源区域喷射雾流降

尘，喷射同时，在喷吸装置内部的射流后方形成负压区，含尘空气被喷吸装置尾部负压场吸入并通过喷吸装置再喷射出去，在这一过程中将煤尘捕获下来。该项技术结构简单，运行效果较好，避免了含尘气流污染采煤机、掘进机司机作业区间和向人行道空间扩散。

(2) 转载点及液压支架喷雾降尘技术

采煤工作面和掘进工作面的转载部位都会产生大量的粉尘。目前，对转载点的产尘，主要还是通过喷雾技术来控制。由于相对于工作面，转载点条件较为简单，故国内外煤矿在转载点应用了多种技术进行喷雾降尘，如预荷电喷雾技术、声波雾化技术和自调式风水喷雾技术等，多种喷雾技术的应用给转载点防尘带来了更广的技术空间。

自移式液压支架是机械化采煤工作面尤其是综放工作面重要的产尘源，约占整个工作面产尘量的 30%～40%，自移式液压支架在降柱、前移和放煤过程中产生粉尘的浓度有时高达 1 500～2 000 mg/m^3。目前，支架降尘主要是依靠喷雾降尘技术，并且支架喷雾也是采煤机割煤产尘主要的辅助性降尘措施。国内学者曾对综放工作面的支架喷雾方式进行了改进，架间喷雾喷嘴的安设角度为 45°，喷雾压力为 8 MPa。年产 600 万 t 的综放工作面应用该装置后，取得了较好的降尘效果，现场的粉尘沉降效率最高可以达到 96%，平均除尘效率可达 86%。

(3) 自动喷雾降尘技术

早先采掘工作面喷雾降尘主要采用人工控制的手动喷雾，但是这种方法操作烦琐，使用不便，效果较差。目前国内已经研制出了采掘工作面综合喷雾降尘智能控制系统，该类系统成功地融合了采煤机和掘进机的喷雾供水水电闭锁、液压支架自动喷雾降尘和转载点自动喷雾降尘等技术。

4. 化学除尘

湿式作业是煤矿采掘工作面综合防尘的主要技术措施，目前煤矿企业在进行湿式除尘时要以清水为液质，但清水表面张力较高，微细粉尘不易被水迅速有效地湿润，对粉尘尤其是呼吸性粉尘的捕捉效率普遍较低。为了改善水对煤的润湿能力，提高防尘效果，许多国家研究了以在水中添加表面活性剂为主的化学除尘技术。

我国关于化学抑尘剂的研究和应用起步较晚，但发展迅速。在 20 世纪 70 年代末，我国一些科研院所的研究人员开始研究化学抑尘剂。80 年代取得了显著的进展，不少成果还申请了专利。90 年代以来，有关化学抑尘剂的研究成果不断出现，先后研制出淀粉接枝丙烯酸盐高倍吸水树脂作抑尘剂、聚丙烯酸钠溶胶吸尘剂、NCZ-1 黏尘粉及 CZYNS 系列喷雾降尘用表面活性剂、煤层注水用表面活性剂、高分子泡沫降尘剂等。通过现场应用，均取得了较好的防尘效果，降尘率皆比仅用清水提高25％～40％。

5. 空气幕隔尘

该技术在我国的煤矿采掘工作面已有现场应用。在采煤工作面，通常安装在采煤机机身上，在采煤机滚筒截煤时，喷射的空气流就可以阻止工作面的粉尘向采煤机司机扩散。采煤工作面隔离司机与煤壁侧，在中间形成一道无形透明屏障，达到隔尘的目的。空气幕隔尘技术在掘进工作面应用更为广泛，目前，主要有风喷嘴和附壁风筒两种形式。风喷嘴空气幕与采煤机空气幕相似，利用风喷嘴喷射的气流形成空气幕。附壁风筒是一种利用气流的附壁效应，将原压入式风筒供给掘进工作面的轴向风流部分或全部改变为沿巷道壁的旋转风流，并以一定的旋转速度吹向巷道的周壁及整个巷道断面，形成一空气屏幕，并不断向掘进工作面推进，在除尘器吸入含尘气流产生轴向速度的共同作用下，形成一股具有较高功能的螺旋线状气流，在掘进机司机工作区域的前方构建起可阻挡综掘机截割产尘向外扩散的空气屏幕。

6. 除尘器除尘

利用除尘器可将空气中的粉尘分离出来，从而达到净化空气的目的。国外的除尘设备一般体积大、较笨重，但除尘效率高，消音效果好，处理污染风量大。在我国，经过近 20 年的研究，已研制出了湿式纤维除尘器、自激式除尘器、干式布袋除尘器和干式气动阻滤旋转除尘器等多种类型。除尘器现已广泛应用于掘进工作面，部分采煤工作面也装备了除尘器。在掘进工作面，除尘器与安设在司机与掘进头之间的吸尘装置相连接，可以构成抽尘净化装置。

7. 个体防护

粉尘污染的个体防护用品，从传统的棉纱口罩，发展到带气阀的化纤滤料自吸式防尘口罩、气流安全帽、压风呼吸器和过滤式送风防尘口罩等，这些个体防护装置的作用是使佩戴者能呼吸净化过的清洁空气而不影响正常工作。个体防护措施的阻尘效率高，是解决煤矿采掘工作面粉尘危害矿工身体健康的重要技术措施之一，积极推广个体防护技术，必将促进煤矿采掘工作面的防尘工作，使矿工免受粉尘的危害。

二、采掘工作面粉尘防治技术的发展趋势

近 20 年来，世界主要产煤国在煤矿采掘工作面粉尘防治方面都取得了较大的进步，新技术、新工艺、新产品和新材料等不断推出，但与现场需求还有一定差距，今后采掘工作面粉尘防治技术的发展趋势将体现在以下几方面：

（1）合理设计采掘工作面喷雾降尘系统的参数，提高喷雾降尘系统的自动化水平。主要研究内容：高效雾化喷嘴、工作面喷雾点的布置方式和喷雾压力的设计；自动喷雾降尘系统的研制。

（2）研究适合采掘工作面的弱水防尘技术。弱水防尘就是以较少量的水来使工作面的粉尘浓度达到标准浓度，主要研究内容：新型高效环保喷雾降尘剂、注水渗透剂、泡沫降尘剂和干式除尘器的研制。

（3）研究掘进工作面的高效控尘、除尘技术、装备和配套工艺。主要研究内容：大风量的控尘、除尘装备；各种除尘系统的配套移动方式；分段注水防尘技术及配套工艺等。

（4）研究难注水煤层的注水技术、装备和配套工艺。对于难注水煤层应从机理上进行深入的研究，突破关键技术，在现有注水工艺的基础上重点进行煤层注水自动化研究，实现煤层注水监控，从而提高煤层注水防尘的效果。

（5）积极消化利用国内外先进的采掘工作面防尘技术。主要包括发展和完善尚未完全成熟的超声波除尘、生物试剂除尘和电离水除尘等先进技术。

（6）制定合理的综合防尘标准规范。由于煤矿采掘工作面粉尘产生的源头多、类型复杂，在实际防尘工作中，并非防尘措施越多粉尘治理越好，而应根据尘源的具体类型，有选择地实施合适的综合防尘技术，才能经济、有效地控制粉尘。

实践总结与提高 4

本矿的灾害防治新技术

为了保障矿井安全生产，保护矿工生命安全，提高矿井生产效率，每个煤矿都会推广使用与其矿井灾害情况相适应的灾害防治新技术。请针对其中一项技术分析其优缺点，填写在表 4-1 中。

表 4-1　　本矿一种灾害防治新技术总结

1. 该灾害防治新技术简介：
2. 该新技术的优缺点：

复习思考题

1. 国家采取了哪些措施提高了高瓦斯矿井和煤与瓦斯突出矿井的准入门槛?

2. 矿进通风设备的发展趋势是什么?

3. 矿井火灾防治技术的发展趋是什么?

4. 矿井水灾综合防治技术措施有哪些?

5. 煤矿采掘工作综合防尘技术的发展趋势是什么?

第五章　典型煤矿事故案例分析

第一节　瓦斯爆炸事故

一、肖家湾煤矿瓦斯爆炸事故

2012年8月29日18:00左右，四川省攀枝花市西区正金工贸公司肖家湾煤矿发生特别重大瓦斯爆炸事故，造成45人死亡。

1. 矿井概况

攀枝花市正金工贸有限责任公司肖家湾煤矿，是2007年1月设计的整合矿井，共有职工736人，注册资本500万元。2010年5月，肖家湾煤矿资源整合工程开工，由煤矿自主建设。2010年10月，因部分巷道支护形式、标高、部分机电设备型号、监测监控系统型号等内容需要修改，肖家湾煤矿委托四川省煤炭设计研究院对初步设计和安全专篇设计部分内容进行了调整。2011年2月，肖家湾煤矿完成建设工程。2011年12月，四川省经济信息化委员会组织对肖家湾煤矿矿井建设综合竣工验收及颁证条件进行了验收。2012年1月，四川省经信委向肖家湾煤矿颁发了煤炭生产许可证。至此，肖家湾煤矿“五证一照”齐全有效。投产后，肖家湾煤矿设立了安全生产管理机构，建立了相关安全管理基本制度。

2. 事故情况

初步分析事故的原因是：肖家湾煤矿对“打非治违”专项行动

的相关部署要求不落实、走过场，违法违规超能力、超强度、超定员组织生产；安全生产管理极其混乱，无风微风作业，以掘代采，乱采滥挖，生产方式落后，毫无安全保障可言；安全监测监控设施不健全、形同虚设，瓦斯聚积超标仍没有停产撤人，矿井图纸与实际严重脱离；安全监管存在漏洞，检查验收把关不严。

3. 救援情况

(1) 事故发生后，党中央、国务院高度重视。中央领导同志立即作出重要批示，要求完善救援方案，组织各方面力量科学施救，只要有一线希望就要尽百分之百努力，尽全力减少人员伤亡，全力救治伤员，同时做好善后工作，维护社会稳定。四川省委书记刘奇葆、省长蒋巨峰对抢险救援工作作出重要指示：一是迅速调集全省矿山救援力量，火速赶赴事发现场，把营救井下被困人员作为第一位的任务，千方百计救出井下被困人员并全力救治伤员。二是立即成立省、市联合抢险救援指挥部，迅速开展抢险救援有关工作。请副省长刘捷及相关部门负责人迅速赶赴现场指导事故抢险救援工作。三是对全省煤矿和非煤矿山等重点行业、重点部位进行全面隐患排查，对存在安全隐患的企业和项目立即停业整改。四是要切实做好被困人员家属安抚工作，确保社会稳定。

(2) 参加这次抢险的总共有 11 支队伍，其中 10 支来自四川，1 支来自云南。救援人员总共 314 人，分成了 29 个救援小队。

4. 救援的难点

(1) 井下被困人员分布较为分散，许多作业点就一两人到三五人，给搜寻工作带来较大难度。

(2) 救援过程中发现该矿井巷道凌乱、坡度大，从井口到深处约 2 000 m，救援人员仅在坡道上往返一次就需要 2 个多小时，而救援人员的呼吸器仅能维持 3 个多小时。另外矿井内一氧化碳浓度很大，多处有高温。这都给救援工作带来了极大的难度。救援技术小组研究后提出，要尽快摸排熟悉井下所有区域，在确保安全的前提下加大通风力度，同时在人员分配、装备供应和补给上科学调度，努力保障救援需要。

二、八宝煤业公司瓦斯爆炸事故

2013年3月29日和4月1日，吉林省吉煤集团通化矿业集团公司八宝煤业公司（以下简称八宝煤矿）相继发生两次瓦斯爆炸事故，共造成53人遇难、20人受伤，直接经济损失6 695.4万元。

1. 矿井基本情况

八宝煤矿隶属于吉林省煤业集团有限公司（以下简称吉煤集团）通化矿业（集团）有限责任公司（以下简称通化矿业公司）。吉煤集团是吉林省属国有独资企业，该矿工商营业执照、煤炭生产许可证、安全生产许可证、矿长资格证和矿长安全资格证均在有效期内。

八宝煤矿有6个可采煤层，煤层自燃倾向性等级均为Ⅱ类，属自燃煤层，为高瓦斯矿井，煤尘具有爆炸危险性。该矿采用立井开拓，共有5个井筒，发生事故前有5个生产采区（其中1个综采区和4个水采区）。该矿目前最深开拓标高已达到－780 m水平，超出采矿许可证许可的－600 m水平。事故发生在－416采区－4164东水采工作面上区段采空区。－416采区工作面采用自然垮落法管理顶板，埋管抽放采空区瓦斯。

2. 事故发生经过

(1)“3·29”事故发生经过

2013年3月28日16时左右，－416采区附近采空区发生瓦斯爆炸，该矿采取了在－416采区－380石门密闭外再加一道密闭和新构筑－315石门密闭两项措施。29日14时55分，－416采区附近采空区发生第二次瓦斯爆炸，新构筑密闭被破坏，－416 采区－250 石门一氧化碳传感器报警，该采区人员撤出。通化矿业公司总工程师宁连江、副总工程师陈维良接到报告后赶赴八宝煤矿，研究决定在－315、－380 石门及东一、东二、东三分层顺槽施工 5 处密闭。16 时 59 分，宁连江、陈维良带领救护队员和工人到－416 采区进行密闭作业。19 时 30 分左右，－416 采区附近采空区发生第三次瓦斯爆炸，作业人员慌乱撤至井底(其中有 6 名密闭工升井，坚决拒绝再冒险作业)。以上 3 次瓦斯爆炸事故均发生在－416 采区－4164东水采工作面上区段采空区，未造成人员伤亡。该矿不仅没有按规定上报并撤出作业人员，且仍然决定继续在该区域施工密闭。21 时左右，井下现场指挥人员强令施工人员再次返回实施密闭施工作业，21 时 56 分，该采空区发生第四次瓦斯爆炸，该矿才通知井下停产撤人并向政府有关部门报告，此时全矿井下共有 367 人，共有 332 人自行升井和经救援升井，截至 30 日 13 时左右井下搜救工作结束，事故共造成 36 人死亡(其中 1 人于 3 月 31 日在医院经抢救无效死亡)。通化矿业公司为逃避国家调查，只上报 28 人遇难，隐瞒 7 名遇难人员不报。

(2) “4 · 1”事故发生经过和抢险救援情况

“3 · 29”事故搜救工作结束后，鉴于井下已无人员，且灾情严重，吉林省人民政府和国家安全监管总局工作组要求吉煤集团聘请省内外专家对井下灾区进行认真分析，制定安全可靠的灭火方案，并决定未经省人民政府同意，任何人不得下井作业。4 月 1 日 7 时 50 分，监控人员通过传感器发现八宝煤矿井下－416 采区一氧化碳浓度迅速升高，通化矿业公司常务副总经理王升宇召集副总经理李成敏、王立和八宝煤矿副矿长王清发等人商议后，违抗吉林省人民政府关于严禁一切人员下井作业的指令，擅自决定派人员下井作业。9时20分，通化矿业公司驻矿安监处长王玉波和王清发分别带领救护队员下井，到－400大巷和－315石门实施挂风障措施，以阻挡风流，控制火情。10时12分，该区附近采空区发生第五次瓦斯爆炸，此时共有76人在井下作业，经抢险救援59人生还(其中8人受伤)，发现6人遇难并将遗体搬运出井，井下尚有11人未找到，事故共造成17人死亡、8人受伤。

鉴于该矿井下火区在逐步扩大，有再次发生瓦斯爆炸的危险，经专家组反复论证，吉林省人民政府决定采取先灭火后搜寻的处置方案。4月3日8时10分左右又发生第六次瓦斯爆炸，由于没有人员再下井，未造成新的伤亡。

3. 事故原因和性质

(1) 直接原因

八宝煤矿忽视防灭火管理工作，措施严重不落实，－4164东水采工作面上区段采空区漏风，煤炭自然发火，引起采空区瓦斯爆炸，爆炸产生的冲击波和大量有毒有害气体造成人员伤亡。

(2) 间接原因

① 企业安全生产主体责任不落实，严重违章指挥、违规作业。

a. 八宝煤矿对井下采空区的防灭火措施不落实，管理不得力。一是采空区相通。该矿－416采区急倾斜煤层的区段煤柱预留不合理，开采后即垮落，不能起到有效隔离采空区的作用，导致上下区段采空区相通，向上部的老采空区漏风。二是密闭漏风。由于巷道压力大，造成－250石门密闭出现裂隙，导致漏风。三是防灭火措施不落实。没有采取灌浆措施，仅在封闭采空区后注过一次氮气，没有根据采空区内气体变化情况再及时补充注氮，导致注氮效果无法满足防火要求。四是未设置防火门。该矿违反《煤矿安全规程》规定，没有在－416采区预先设置防火门。

b. 八宝煤矿及通化矿业公司在连续3次发生瓦斯爆炸的情况下，违规施工密闭。一是违反《煤矿安全规程》规定进行应急处置。第一次瓦斯爆炸后，该矿在安全隐患未消除的情况下仍冒险组织生产作业；第二次瓦斯爆炸后，该矿才向通化矿业公司报告。二是处置方案错误，违规施工密闭。通化矿业公司未制定科学安全的封闭方案，而是以少影响生产为前提，尽量缩小封闭区域，在危险区域内施工密闭，且在没有充分准备施工材料的情况下，安排大量人员同时施工5处密闭，延长了作业时间，致使人员长时间滞留危险区。三是施工组织混乱。该矿施工组织混乱无序，未向作业人员告知作业场所的危险性。四是强令工人冒险作业。第三次瓦斯爆炸后，部分工人已经逃离危险区，但现场指挥人员不仅没有采取措施撤人，而且强令工人返回危险区域继续作业，并从地面再次调人入井参加作业。

c. 通化矿业公司违抗吉林省人民政府关于严禁一切人员下井作业的指令，擅自决定并组织人员下井冒险作业，再次造成重大人员伤亡事故。

d. 吉煤集团对通化矿业公司的安全管理不力。未认真检查通化矿业公司和八宝煤矿的"一通三防"工作，对该矿未严格执行采空区防灭火技术措施的安全隐患失察，不认真落实防灭火措施，导致了事故的发生；违规申请提高八宝煤矿的生产能力。

② 地方政府的安全生产监管责任不落实，相关部门未认真履行对八宝煤矿的安全生产监管职责。

a. 白山市安全生产监督管理局落实省属煤矿安全监管工作不得力，对八宝煤矿未严格执行采空区防灭火技术措施等安全隐患失察。

b. 白山市国土资源局组织开展矿产资源开发利用和保护工

作不得力，未依法处理八宝煤矿越界开采的违法问题，并违规通过该矿采矿许可证的年检。

c. 白山市人民政府贯彻落实国家有关煤矿安全生产法律法规不到位，未认真督促检查白山市安全生产监督管理局等部门履行省属煤矿安全监管职责的情况。

d. 吉林省安全生产监督管理局组织开展省属煤矿安全监管工作不到位，将省属煤矿下放市（地）一级监管后，未认真指导和监督检查白山市安全生产监督管理局履行监管职责的情况，且对吉煤集团的安全生产工作监督检查不到位。

e. 吉林省能源局违规开展矿井生产能力核定工作，未认真执行关于煤矿建设项目安全管理的规定和煤矿生产能力核定标准，违规同意八宝煤矿生产能力由 180 万 t/a 提高至 300 万 t/a。

f. 吉林省人民政府对煤矿安全生产工作重视不够，对省政府相关部门履行监督职责督促检查不到位，对吉煤集团盲目扩能的要求未科学论证。

③ 煤矿安全监察机构安全监察工作不到位。

吉林煤矿安全监察局及其白山监察分局组织开展煤矿安全监察工作不到位，对白山市安全生产监督管理局履行省属煤矿安全监管职责的情况监督检查不到位，对吉煤集团及八宝煤矿的安全监察工作不到位。

第二节　煤与瓦斯突出事故

一、响水煤矿“11·24”重大煤与瓦斯突出事故

2012 年 11 月 24 日 10 点 55 分，贵州省盘南煤炭开发有限责任公司响水煤矿河西采区发生一起重大煤与瓦斯突出事故，造成

23 人死亡,5 人受伤。

1. 矿井概况

贵州盘南煤炭开发有限责任公司响水煤矿始建于 2003 年,设计生产能力为 400 万 t/a,由河西、播土两个采区组成。河西采区设计能力 100 万 t/a,播土采区设计能力 300 万 t/a,矿井正处于建设之中,其中河西采区已建成。响水煤矿为煤与瓦斯突出矿井。

2. 事故情况

11 月 24 日 10:55 时,响水煤矿瓦斯监测监控系统显示:河西采区 1135 运输巷掘进工作面瓦斯异常,回风巷瓦斯浓度达到 4%,突出煤量 450 m^3左右,瓦斯涌出量 40 000 m^3左右。通风区调度立即向矿调度汇报,矿值班领导姬贵生立即要求矿调度查明情况并按程序向公司总经理及相关领导汇报。11:05 分,矿井瓦斯监测监控系统显示,总回风巷瓦斯浓度也达到 4%。发现异常情况后,响水矿立即按应急救援预案成立指挥部,并按预案启动相应救援措施:切断井下所有动力电源、撤出井下人员、安排救护队入井侦查等,同时分别向驻地县、市安监部门、六盘水煤监分局以及股东单位汇报。经分析,事故原因是:该矿河西采区 1135 工作面运输巷掘进未按设计采取区域防突措施,掘进作业导致煤与瓦斯突出。该事故暴露出以下主要问题:一是该矿未按照防突设计施工,停止了底板抽放岩巷超前掘进、预抽瓦斯的区域性防突措施的实施,区域防突措施效果不达标;二是遇到地质构造时,未采取相应安全技术措施;三是事故发生后,在 1135 运输巷掘进工作面瓦斯传感器和回风巷瓦斯传感器先后达 4%的监测峰值时,调度员和通风管理人员出现将其判断为监控系统故障的失误,未在第一时间采取停电、撤人措施,贻误了宝贵救援时机;四是该矿培训工作不到位,应急处置能力差,职工缺乏自救意识;五是该矿有多家投资主体，安全生产管理机制不健全，主体责任落实不到位。

3. 救援情况

事故发生后，响水煤矿紧急启动事故应急预案进行抢险救灾。贵州煤监局局长李尚宽、副局长陈富庆，省国资委党组书记、主任韩先平、副主任胡永忠，六盘水市市委书记王晓光、市长何刚、副市长尹志华，市安监局局长蔡军、副局长吴学刚，水城煤监分局专员毕刚以及盘县县委书记陈少荣、县长邓志宏、副县长鲍吉克率县有关部门先后赶赴现场指导抢险救灾工作。有关股东单位先后派出有关领导、管理、技术、医疗、救护人员在第一时间赶到响水矿参加抢险救灾。

4. 经验教训

(1) 该矿未按照防突设计施工，停止了底板抽放岩巷超前掘进、预抽瓦斯的区域性防突措施的实施，区域防突措施效果不达标。

(2) 遇到地质构造时，未采取相应的安全技术措施。

(3) 事故发生后，在1135运输巷掘进工作面瓦斯传感器和回风巷瓦斯传感器先后达4%的监测峰值时，调度员和通风管理人员出现将其判断为监控系统故障的失误，未在第一时间采取停电、撤人措施，贻误了宝贵救援时机。

(4) 该矿培训工作不到位，应急处置能力差，职工缺乏自救意识。

(5) 该矿有多家投资主体，安全生产管理机制不健全，主体责任落实不到位。

二、新兴煤矿"11·21"特别重大煤(岩)与瓦斯突出和瓦斯爆炸事故

2009年11月21日1时37分，黑龙江省龙煤矿业集团股份有限公司(以下简称龙煤股份公司)鹤岗分公司新兴煤矿三水平南二石门15号煤层探煤巷发生煤(岩)与瓦斯突出,突出的瓦斯逆流至二水平,2时19分发生瓦斯爆炸事故,造成108人死亡、133人受伤(其中重伤6人),直接经济损失5 614.65万元。调查认定,这起事故是一起责任事故。

1. 矿井基本情况

龙煤股份公司隶属于黑龙江省龙煤矿业控股集团有限责任公司(成立于2008年4月,是黑龙江省国有资产监督管理委员会管理的大型国有企业,以下简称龙煤控股集团)成立于2009年4月,下辖鸡西、鹤岗、双鸭山、七台河4个分公司。鹤岗分公司由原鹤岗矿务局改制重组而成。

新兴煤矿始采于1917年,2007年核定生产能力145万t/a。该矿采用分列压入式通风,1993年以来,矿井瓦斯等级鉴定(核准)结果一直为高瓦斯矿井,安装有移动瓦斯抽放系统和安全监测监控系统。该矿采用斜井开拓,分三个水平开采。事故前二、三水平同时生产,共有8个采区。

发生煤(岩)与瓦斯突出的区域为三水平南二石门后组15号煤层探煤巷(也称113工作面),该工作面采用钻眼爆破法破岩二次成巷工艺,利用局部通风机通风。发生事故时,该工作面没有按措施要求打超前钻,违章组织施工。

2. 事故原因

(1) 直接原因

该矿为高瓦斯矿井,在地质构造复杂的三水平南二石门15号煤层探煤巷,爆破作业诱发煤(岩)与瓦斯突出;突出的瓦斯逆流进入二段钢带机巷,在二水平南大巷与新鲜风流汇合,然后进入二水平卸载巷附近区域,达到瓦斯爆炸界限,卸载巷电机车架线并线夹接头产生电火花引起瓦斯爆炸。

(2) 间接原因

新兴煤矿及其上级单位鹤岗分公司、龙煤股份公司拒不执行政府有关部门多次下达的停产指令，违法生产，安全生产管理混乱，安全生产责任制落实不到位；黑龙江省煤炭生产安全管理局安全监管责任落实不到位，在向新兴煤矿下达停产整改指令后，未督促企业整改落实到位；黑龙江煤矿安全监察局及鹤滨监察分局在多次向新兴煤矿下达停产整改指令后，未认真督促企业整改落实。

3. 对事故有关责任人的处理

按照有关规定，有关部门对40名事故责任人进行了处理。其中，12名涉嫌犯罪的事故责任人被移送司法机关依法追究刑事责任，28名相关人员受到党纪、行政处分。

同时，责成黑龙江省人民政府向国务院作出深刻检查。由黑龙江煤矿安全监察局依法对龙煤股份公司处以400万元罚款。

4. 事故教训

这起煤矿特别重大生产安全事故损失惨重、教训深刻、影响恶劣，充分暴露出事故单位在安全生产工作中存在的严重问题，反映出安全生产方针、政策、措施在一些地方和企业没有真正落实，违法生产行为未得到有效遏制。各地区、各部门、各单位要深刻吸取事故教训，进一步增强安全生产工作的紧迫感、责任感和使命感，切实改进和加强煤矿安全生产工作，有效防范和坚决遏制重特大事故的发生，努力促进全国安全生产形势的持续稳定好转。

(1) 认真落实安全生产主体责任。进一步贯彻落实《国务院关于进一步加强企业安全生产工作的通知》精神，牢固树立安全发展理念，坚定不移地抓好各项政策措施的贯彻落实工作。要在落实企业安全生产主体责任上下功夫，建立健全安全生产责任制度，严格执行政府有关部门的监管监察指令，杜绝违法违规生产经营行为；严格企业安全管理，认真落实领导干部带班下井制度；认真排查治理安全生产隐患，整改措施不落实、隐患不排除不得生产。

（2）全面推进瓦斯治理工作。要严格执行“先抽后采、监测监控、以风定产”的瓦斯治理方针，紧紧抓住采掘布局、通风系统、瓦斯抽采、安全监控、现场管理5个重点环节，健全完善“通风可靠、抽采达标、监控有效、管理到位”的瓦斯综合治理工作体系。煤与瓦斯突出矿井要严格执行《防治煤与瓦斯突出规定》，严格落实“两个四位一体”综合防突措施，健全防突机构，充实防突人员，完善防突制度；在煤层顶、底板掘进巷道时必须探查清楚地质构造及煤层赋存情况，防止误穿突出煤层；揭煤及在断层、破碎带、火成岩侵入等地质构造区域施工时，必须制定有针对性的安全技术措施并严格落实。

（3）加强煤矿技术和基础管理。要进一步推广使用新技术、新装备，提高矿井防灾抗灾能力；加强对矿井开拓部署、采区设计、巷道布置及采掘接续等方面的管理。要深入开展煤矿安全质量标准化活动，大力推进安全高效矿井建设，推动岗位达标、专业达标、企业达标和煤矿安全示范工程建设。要深入推广“白国周班组管理法”，强化以班组为核心的现场安全管理。大力推进井下安全避险“六大系统”建设，不断提升煤矿安全保障能力。要针对自身灾害特点编制切实可行的应急救援预案，并定期进行演练，加强煤矿干部职工自救与互救知识的培训工作，提高煤矿企业整体应对灾害的能力。

（4）加大安全生产执法力度。各地区、各部门要切实加强安全监管，落实责任，堵塞漏洞，严防各类事故发生。要进一步建立健全联合执法机制，加大安全监管监察执法力度，严厉打击各类非法、违法生产经营建设行为。要按照“四不放过”和“依法依规、实事求是、注重实效”的原则，严肃查处事故，追究相关责任单位和人员的责任，坚决惩处事故涉及的失职、渎职行为以及事故背后的腐败行为。

三、平禹煤电公司四矿“10·16”特别重大煤与瓦斯突出事故

2010 年 10 月 16 日 6 时，河南省中国平煤神马能源化工集团有限责任公司（以下简称中平能化集团）平禹煤电公司四矿（以下简称平禹四矿）发生特别重大煤与瓦斯突出事故，造成 37 人死亡、4 人受伤，直接经济损失 2 274 万元。经国务院事故调查组认定，这起事故是一起责任事故。

1. 矿井基本情况

平禹四矿原名河南省新峰矿务局四矿，属国有煤矿。河南省新峰矿务局于 2004 年 3 月被原平煤集团公司兼并重组，并于 2006 年 12 月正式更名为河南平禹煤电有限责任公司，是中平能化集团相对控股的子公司。中平能化集团是河南省属国有重点企业。

平禹四矿属于生产矿井，证照齐全有效。该矿采用 4 个斜井开拓，单水平上下山开采，有一个生产采区（一采区）和一个主下山准备采区（二采区）。该矿为煤与瓦斯突出矿井，安装有 KJ70N 型安全监控系统。

发生事故的 12190 工作面为综采准备工作面，位于二采区东翼上部，2006 年 12 月开始掘进，主要采取局部防突措施。2008 年 8 月 1 日，在机巷施工瓦斯抽放孔时曾发生一起重大煤与瓦斯突出事故，造成 23 人死亡。事故后，为吸取教训，该矿在随后的巷道掘进施工中，采用了由顶板高抽巷打穿层钻孔、条带预抽煤层瓦斯的区域防突措施。为了解决回采期间的防突问题，采用了顺层钻孔预抽回采区域煤层瓦斯、结合水力压裂的区域防突措施。2010年7月区域防突措施实施完毕，8月工作面切眼贯通，9月综采设备安装完毕。该矿在机巷、风巷内设有避难硐室及多组压风自救装置。

2. 事故原因

(1) 事故直接原因

平禹四矿12190工作面具有煤与瓦斯突出危险性，虽采取了预抽煤层瓦斯的区域防突措施，但实际未消除突出危险，在工作面实施打煤层抽放钻孔的局部防突措施期间，调试调直采煤机割煤时扰动了煤体，发生了煤与瓦斯延时突出，导致人员被埋和窒息死亡。

(2) 事故间接原因

平禹四矿违反相关技术措施规定，违章指挥、违章作业，擅自调试调直采煤机割煤扰动煤体导致煤与瓦斯突出；职工安全培训教育、应急演练等工作不到位。平禹煤电公司对平禹四矿安全生产工作监督管理不力，没有及时发现平禹四矿在实施局部防突措施时进行调试调直采煤机等违规违章行为。中平能化集团对平禹煤电公司的安全生产工作监督指导不到位，对煤与瓦斯突出复杂性认识不足，未及时发现平禹四矿违规违章行为。河南省安全生产监督管理局贯彻落实国家有关煤矿安全生产法律法规和规章不力，监督检查存在薄弱环节。

3. 事故处理情况

按照有关规定，对27名事故责任人进行了处理。其中，2名涉嫌犯罪的事故责任人被移送司法机关依法追究刑事责任，25名相关人员受到党纪、行政处分。

同时，责成河南省人民政府向国务院作出深刻检查，由河南煤矿安全监察局依法对平禹煤电公司处以250万元罚款。

4. 事故教训

这起煤矿特别重大生产安全事故损失惨重、影响恶劣、教训深刻，充分暴露出事故单位在安全生产工作中存在的严重问题，反映出安全生产方针、政策、措施在一些地方和企业没有真正落实，违法生产行为未得到有效遏制。各地区、各有关部门和单位要深刻吸取事故教训，切实改进和加强煤矿安全生产工作，有效防范和坚决遏制重特大事故的发生，努力促进全国安全生产形势的持续稳定好转。

(1) 进一步明确煤矿安全生产责任。要进一步学习好、宣传好、贯彻好、落实好《国务院关于进一步加强企业安全生产工作的通知》(国发〔2010〕23号)精神，并以贯彻国发〔2010〕23号文件为核心，切实增强做好煤矿安全生产工作的紧迫感、责任感，坚决落实企业的安全生产主体责任和政府的监管责任。同时，要进一步落实属地监管责任，地方政府有关部门要依法加大对国有企业的监管力度。

(2) 切实加强瓦斯综合防治工作。要全面贯彻落实全国煤矿瓦斯防治工作电视电话会议和《国务院办公厅转发发展改革委安全监管总局关于进一步加强煤矿瓦斯防治工作若干意见的通知》(国办发〔2011〕26号)精神，以先抽后采、综合治理为根本措施，切实加强和改进瓦斯防治工作。要科学合理安排矿井生产作业计划，保证抽采瓦斯工作面的正常衔接，切实做到“抽、掘、采”平衡。煤与瓦斯突出矿井要进一步健全防突机构，配足防突人员，建立专业防突施工队伍，严格落实防突各项规定、制度和措施，开采突出煤层时必须坚持区域防突措施先行、局部防突措施补充，坚决做到不掘突出头、不采突出面。要督促煤矿企业研究确定适合开采煤层的突出敏感指标、临界值，并根据煤层条件完善突出预测的方法、指标和分析判断模式，提高防突技术手段的有效性、可靠性。

（3）督促煤矿企业全面提升基础管理水平。要加强对煤矿企业的监督检查和业务指导，督促煤矿企业定期组织对技术措施、作业规程、操作规程进行会审，增强针对性和可操作性；严格落实安全生产责任制，采用更有效的管理方法、技术手段和严格考核管理机制，责任到人、责任到岗，实现全面、全方位、全过程管理，确保各项规章制度、各项安全技术措施落实到位；加强“一通三防”为重点的隐患排查和治理，建立隐患治理措施、责任、资金、时限和预案“五落实”制度，实现隐患排查治理工作常态化、规范化。

（4）加强煤矿劳动组织管理和职工教育培训。要严格劳动用工管理，严禁煤矿变相包工、违规平行作业。要落实培训责任，规范培训管理，加大培训力度，提高培训质量，全面提高煤矿职工安全素质和操作技能。要督促煤矿加快井下安全避险“六大系统”建设进度，完善应急预案，加强应急演练，提高工人的安全意识和技术素质，让职工清楚地认识作业场所的各种危险源，真正熟悉和了解矿井各种安全、自救设施和设备的作用及其使用方法，保证作业人员及时正确使用避险设施，遇到险情时能够安全避险和撤离。

第三节　矿井水灾事故

一、善福联营煤矿透水事故

2012 年 4 月 13 日，山西省长治市襄垣县善福联营煤矿发生一起透水事故，造成 11 人死亡。事故发生后，该矿迟报并蓄意隐瞒谎报死亡人数，仅上报 9 人被困井下。据初步分析，事故原因是：该矿非法违法组织生产，12 采区 2# 皮带巷掘进过程中掘透老窑积水。事故暴露出以下主要问题。

(1) 该矿擅自违法组织生产。该矿为资源整合矿井,安全生产许可证已于 2011 年 7 月 12 日被注销。

(2) 该矿水文地质资料不清,掘进过程中未执行有关探放水规定。

(3) 该矿未严格执行矿领导带班下井制度,且发现透水征兆后未及时撤人。

(4) 安全管理责任不落实,驻矿安监员没有报告和阻止该矿擅自组织生产,负责该矿安全管理的山西煤炭运销集团有限公司长治分公司对该矿管理不严,当地政府也未严格履行安全监管责任。

(5) 该矿在事故发生后,未按照《生产安全事故报告和调查处理条例》(国务院令第 493 号)等规定立即上报,且谎报被困人数。

这起事故暴露出一些煤矿企业非法违法生产、防治水措施不落实、瞒报谎报迟报事故、不执行煤矿领导带班下井制度,以及安全责任不落实等突出问题,同时也反映出老空区透水已成为当前煤矿安全生产的重大威胁。为深刻吸取事故教训,坚决遏制煤矿水害事故的发生,从本次事故中吸取以下教训。

(1) 深入开展"打非治违"专项行动。对"打非治违"专项行动作出动员和部署,进一步加强领导,针对薄弱环节,采取切实措施,加大执法力度,始终保持高压态势,形成严厉打击非法违法生产经营建设、治理纠正违规违章行为的工作合力。要根据煤矿安全生产的特点,紧紧抓住倾向性、苗头性问题,以及反复发生、长期难以根治的顽症痼疾,及时采取治理措施,确保"打非治违"工作取得实效。要强化地方政府特别是县、乡两级政府的责任,对"打非治违"工作不力、非法违法行为长期得不到惩处、安全生产秩序混乱的地区,要严格追究有关政府和部门责任人的责任。

(2) 切实加强老空水探放工作。煤矿企业要采用物探、钻探、化探等综合探测技术，查明矿井或采区水文地质条件，收集、调查和核对相邻煤矿及废弃老窑的情况。水患严重、开采破坏严重的整合技改煤矿，必须切实加强探放水工作，查清本矿井和相邻矿井的老空积水情况，否则不得进行生产和施工。凡未按要求建立防治水机构、没有编制和落实探放水措施以及没有配备探放水设备的煤矿，矿区(井)水文地质条件复杂、水源不清、周边老窑位置不清的煤矿，以及开采煤层上部存有老窑水、未按规定留足隔离煤柱、未进行探放水设计和采取探放水措施的煤矿，必须立即停产整顿；对整改不合格的煤矿，要坚决提请地方政府依法予以关闭。

(3) 扎实开展煤矿防治水专项督查。各驻地煤矿安全监察机构要按照《国家安全监管总局　国家煤矿安监局　关于开展煤矿防治水专项治理的通知》(安监总煤调〔2012〕29 号)要求，会同煤矿安全监管部门认真组织开展煤矿防治水专项督查活动。要通过专项督查，督促煤矿企业严格落实《煤矿防治水规定》(国家安全监管总局令第 28 号)，按要求成立防治水机构、配备专业技术人员、加强煤矿防治水基础工作，严格执行由专业人员、专职队伍使用专用探放水设备进行探放水的规定；井下出现透水征兆时，要立即停产撤人并及时报告；认真落实雨季“三防”措施，强降雨期间煤矿井下要停产撤人，待彻底排查和消除隐患后方可恢复作业。

(4) 切实加大煤矿事故查处力度。事故发生地有关部门要积极配合驻地煤矿安全监察机构按照“四不放过”和“科学严谨、依法依规、实事求是、注重实效”的原则，严肃事故查处，严格责任追究。对非法违法生产建设的组织者和瞒报、谎报事故的主谋者、参与者，要依法从严从重查处，构成犯罪的，要移交司法机关依法追究刑事责任。要及时向社会公布事故调查处理结果,自觉接受社会和舆论监督。要严格执行事故通报、约谈、分析和跟踪督导“四项制度”,着力用事故教训推动煤矿安全生产工作。

二、骆驼山煤矿“3·1”透水事故

2010 年 3 月 1 日 7 时 20 分,位于内蒙古乌海市的神华集团乌海能源公司骆驼山煤矿在基建施工中发生透水事故。当班井下共有作业人员 77 名,事故发生后经抢救有 46 人相继升井(其中 1 人经抢救无效死亡),事故共造成 32 人遇难、7 人受伤。

1. 事故情况

骆驼山煤矿属新建矿井,由神华集团乌海能源有限责任公司建设,中煤西安设计工程有限责任公司负责设计,设计生产能力为 150 万 t/a。该矿于 2006 年 5 月开工建设,施工承建单位有中煤能源集团五公司、陕西煤建公司和河南郑州煤建公司 3 支队伍,由辽宁诚信监理有限责任公司负责监理。这次透水事故,从初步了解的情况看,透水点在 16 号煤层回风巷掘进工作面,该事故暴露出安全管理不到位、安全责任不落实等诸多问题。

2. 事故原因

经初步调查分析,骆驼山煤矿建设施工中存在着严重的违规违章行为,该矿井下施工的 16 号煤层回风大巷掘进工作面探放水措施不落实,在掘进施工打炮眼时导出奥陶系灰岩地下水,淹没井下巷道和硐室;出现透水征兆后现场撤离不及时造成大量人员伤亡。主要表现有以下几个方面。

(1) 该矿地质勘探资料与实际水文地质情况有差异,对奥灰水防治工作认识和措施不到位。该矿地质资料显示水文地质条件简单,建设、施工、监理、设计等单位思想麻痹大意,尤其是该矿 2007 年 12 月轨道大巷发生奥灰水涌水淹井后,未引起相关单位的高度重视，没有采取有针对性的奥灰水防治措施。

(2) 矿井建设施工中的探放水措施不落实，没有严格执行先探后掘、有疑必探的规定，发生事故的掘进工作面作业规程没有制定探放水方案，在实际施工中没有配备探放水设备，掘进过程中没有采取超前探放水措施。

(3) 没有严格执行煤矿企业负责人和生产经营管理人员带班下井的规定，应急处置工作不果断、不及时。掘进工作面施工过程中，在出现炮眼喷水、工作面片帮、附近巷道底鼓等透水征兆约一个半小时的时间里，未立即采取断电、撤人措施，继续进行抽排水作业，最终酿成特别重大事故。所有这些，都充分暴露出企业安全生产责任不落实、安全管理不严格、隐患排查治理不认真和抢工期、赶进度等突出问题。

3. 事故教训

为切实加强煤矿防治水工作，有效防范遏制重特大事故发生，从事故中吸取以下教训。

(1) 切实提高矿井水害防御能力。各煤矿企业要严格执行《煤矿防治水规定》(国家安全监管总局令 28 号)，坚持“预测预报、有疑必探、先探后掘、先治后采”的原则，落实“防、堵、疏、排、截”五项综合治理措施。凡存在奥灰岩岩溶水威胁或水文地质条件复杂和极复杂的矿井，必须设立专门的防治水机构，加强水文地质基础工作，组织制定专项的探放水设计并严格实施。

(2) 高度重视在建煤矿现场安全管理工作。各在建煤矿的建设单位必须对煤矿建设项目实施统一的协调管理，积极组织制定有关安全技术措施并做好督促落实工作，对施工安全进行严格的全方位监督；施工单位要切实承担安全生产责任，健全和落实各项规章制度，严格现场安全管理，按设计组织施工，施工过程中发现地质开采条件变化较大时，应立即停止施工并向建设单位报告，建设单位应及时组织相关方制定应急安全防范措施，组织提出修改设计并按规定重新报批；各监理单位要强化责任意识，严格审查施工组织中安全技术措施及专项施工方案是否符合有关安全标准和规定，对存在事故隐患的，应当要求立即进行整改。

(3) 认真做好矿井水害应急救援工作。各产煤地区相关部门要制订和完善水害应急预案，建立区域抢险排水基地，定期对设备进行检修，保证设备完好，以提升抢险救灾能力和效果。煤矿企业要储备足够的抢险物资和设备，确保抢险救灾时能够及时到位并发挥作用。同时，要不断完善矿井水害应急预案并定期组织演练，提高应急处置能力。

(4) 继续加大隐患排查治理力度。各级煤矿安全监管监察部门和各煤矿企业要进一步深化安全生产"三项行动"、狠抓"三项建设"，严格落实隐患排查制度，对排查出的重大隐患，要分类定级、挂牌督办，制定专门治理计划，落实责任、资金和期限，确保整改到位，做到安全生产。

第四节　矿井火灾事故

一、防备煤矿"7·6"重大火灾事故

2011 年 7 月 6 日，山东省枣庄市薛城区防备煤矿发生重大火灾事故，造成 28 人死亡。

1. 事故原因

防备煤矿为地方国有煤矿，证照齐全，原设计生产能力 6 万 t/a，2009 年经技术改造生产能力达到 15 万 t/a。经初步分析，事故的原因是：井下运输下山底部车场空气压缩机着火，引

燃钢棚背帮材料及煤体等可燃物，产生大量有毒有害气体，导致人员被困。

2. 事故教训

这起事故暴露出该矿存在井下空气压缩机使用和管理不到位、井下防灭火工作不落实等严重问题；在发生重大险情时没有及时撤出作业人员，造成大量人员被困。为深刻吸取事故教训，切实加强煤矿安全生产工作，促进煤矿安全生产形势持续稳定好转，特提出以下要求：

(1) 有效防范和坚决遏制重特大事故。这起事故反映出煤矿安全生产工作的艰巨性、复杂性、反复性和长期性，煤矿安全生产形势依然严峻。各地要认真吸取事故教训，全面深入排查治理煤矿各生产系统、各生产环节存在的隐患，及时发现和查处违章指挥、违章作业和违反劳动纪律行为。要立足于查大系统、治大隐患、防大事故，突出抓好煤矿"一通三防"、煤与瓦斯突出及水害等方面的隐患排查治理工作，发现重大隐患要立即停产整顿。对排查不认真、整改措施不落实、违法违规组织生产的煤矿，要依法严肃惩处；对存在重大隐患不能有效治理的煤矿，要坚决依法提请地方人民政府予以关闭。

(2) 切实加强井下现场管理。要认真贯彻落实《国务院关于进一步加强企业安全生产工作的通知》(国发〔2010〕23 号)精神，以落实企业安全生产主体责任为重点，抓住煤矿安全投入和技术装备、企业领导人带班下井、职工安全培训、安全生产标准化建设等方面，认真查找差距，扎实改进工作。要不断完善安全技术措施，形成完整的规章制度体系，提高现场安全管理水平，切实将安全生产责任落实到各煤矿、区队和班组，落实到每个岗位和每位员工，通过加强现场管理，进一步提高煤矿安全保障能力。同时，要加强应急演练,切实提高应急救援能力,遇到险情时,必须立即撤人,确保作业人员安全。

(3) 加强井下机电设备管理。各有关部门要督促辖区内煤矿企业全面加强机电管理,禁止使用国家明令淘汰的机电设备,并定期对矿井电气设备进行检修、测试,杜绝电气失爆。要深刻吸取近年来由于井下空气压缩机管理不到位造成重大事故的教训,对井下空气压缩机的使用、管理进行一次全面检查,并严格履行使用审批程序。空气压缩机一般应设置在地面。对深部多水平开采的矿井,空气压缩机安装在地面难以保证对井下作业点有效供风时,可在其供风水平以上两个水平的进风井井底车场附近设置的有独立通风系统的固定硐室内安装,确保安全可靠;2012 年 1 月底前,要全部淘汰滑片式空气压缩机。达不到空气压缩机使用条件和没有能力管理井下空气压缩机的煤矿,一律不准在井下使用空气压缩机。

(4) 加大煤矿防灭火工作力度。煤矿企业要高度重视防灭火工作,将煤矿内因火灾、外因火灾防范工作列入重要议程,健全管理制度、明确各自职责,查明灾害情况、确定防范重点,配备专业人员、落实治理资金。煤矿井上、下均须设置消防材料库,消防材料库储存的材料、工具的品种和数量应符合有关规定,禁止在井下使用非阻燃电缆、胶带、风筒等材料。井底车场、机电硐室、爆炸材料库、风动工具清洗硐室等火灾隐患严重地点,必须配备足够数量的灭火器材。开采容易自燃和自燃煤层时,必须编制相应的防灭火设计,采取综合防灭火措施,防止自然发火。开采容易自燃煤层或采用放顶煤方法开采自燃煤层的矿井,必须设立以灌浆为主的两种以上综合防灭火系统。

(5) 进一步加强煤矿安全监管监察工作。各地要始终坚持以人为本、安全第一、预防为主、综合治理，牢固树立安全生产的理念，坚持以零事故为追求目标，切实增强做好煤矿安全生产工作的责任感、紧迫感和使命感，进一步落实煤矿安全生产企业主体、部门监管、属地管理“三个责任”，加大安全防范、安全监管、责任追究“三个工作力度”，着力解决非法生产、违章作业、责任不落实、监管不力等突出问题。要深刻分析辖区内发生煤矿事故的技术和管理原因，注重总结各类事故中的共性和规律性问题，采取有针对性的防范措施，切实加强和改进煤矿安全生产工作。要运用典型案例开展安全教育，引导企业和职工深刻吸取事故教训，举一反三，防微杜渐，查隐患、堵漏洞，用事故教训推动工作，不断增强防范事故和抓好安全生产工作的主动性，确保煤矿安全生产形势持续稳定好转。

二、立胜煤矿“1·5”特别重大火灾事故

2010 年 1 月 5 日，湘潭市湘潭县谭家山镇立胜煤矿发生一起特别重大火灾事故，造成 34 人死亡，直接经济损失 2 962 万元。

1. 立胜煤矿基本情况

立胜煤矿始建于 1984 年，为合伙企业。事故发生前，该矿采矿许可证、煤炭生产许可证、安全生产许可证、矿长安全资格证均已过期，工商营业执照自 2008 年起未进行年检。立胜煤矿属湖南省人民政府批准保留的技改扩能矿井。2009 年 2 月，立胜煤矿被批准预扩界后，进行技术改造。截止到事故发生时，该矿除完成行人斜井修复，暗斜井掘至－140 m 标高外，其他技改工程尚未动工，也未按照批复要求关闭不予利用的中间立井和东井。

2. 事故发生、救援情况

1 月 5 日中班，该矿共安排 85 人从主立井入井，分布在：东井生产区域 33 人，西井生产区域 30 人，中间立井生产区域 12 人，技改暗斜井区域10人。12时5分，中间立井停电，−240 m水平推车工刘兴怀向中间立井三道暗立井井底走去的途中闻到橡胶味，并见到烟雾，到三道暗立井底看到暗立井内吊箩上方电缆着火，他叫西井绞车司机马健春向调度室报告后，随即升井。马健春报告调度室后，与刘帜征一起到三道暗立井察看火情时，看到吊箩、电缆、塑料管、木支架燃烧，火势越来越大，然后他们2人与其他6名作业人员一起安全升井。12时30分，西井带班班长唐建安在−500 m水平发现烟雾、橡胶烧焦气味后，立即通知各作业地点人员撤离。西井生产区域21名作业人员经湘潭矿业公司四矿−500 m水平八石门逃生。技改暗斜井作业区域、中间立井、东井生产区域共13人经主立井安全升井。另外，值班矿长王光荣、中间立井2名辅助作业人员、东井5名作业人员等8人在事故发生前已升井。至此，事故当班下井的85人中，安全升井和逃生51人，共有34人被困井下。

矿调度室接到中间立井三道暗立井电缆着火报告后，生产副矿长陈立金带领有关人员入井观察，即向调度室报告井下灾情，要求召请救护队救援。13时30分，矿方向镇安监站报告了事故情况；13时42分，镇安监站向镇领导和县有关部门作了报告。13时43分，矿方召请湘潭矿业公司救护队救援。

接到事故报告后，湘潭市委市政府、湘潭县委县政府迅速成立了事故救援指挥部，立即开展事故救援工作。从湘潭、长沙、娄底等地调集了5支救援队伍，迅速投入救援工作。15时30分，湘潭矿业公司救护队赶到事故现场，立即开展井下救援工作，随后其他救护队相继赶到参与救援。到1月6日9时10分，救护队先后搜寻到25名遇难矿工遗体。

救援人员对灾区有害气体进行检测时，发现井下有害气体浓度逐渐升高。1月6日19时10分，－240 m水平火区附近一氧化碳浓度高达7 000 ppm，甲烷浓度为5.1%，温度为63 ℃，随时有瓦斯爆炸危险。1月7日上午，事故救援指挥部为防止发生次生事故，经组织专家论证，决定暂停井下搜救工作；为防止立胜煤矿发生瓦斯爆炸波及相邻矿井，决定先封闭湘潭矿业公司四矿－450 m水平和－500 m水平与立胜煤矿联通的通风口，并于1月8日实施了封闭。根据井下灾情变化，于1月9日凌晨对地面5个井口实施了密闭。

3. 事故原因和性质

（1）直接原因

立胜煤矿中间立井三道暗立井内敷设的非阻燃电缆老化破损，短路着火，引燃电缆外套塑料管、吊箩、木支架及周边煤层，产生大量有毒有害气体，造成人员窒息伤亡。

（2）间接原因

① 立胜煤矿长期超深越界盗采资源。该矿批准开采深度为＋100 m水平至－124 m水平，实际开采深度已达到－640 m水平，违法超深达516 m。

② 借技改名义违法组织生产。在采矿许可证、煤炭生产许可证、安全生产许可证均已过期的情况下，拒不执行停产指令，且在技改期间不按设计施工，违法组织生产。

③ 安全生产管理混乱。矿井超深越界区域未形成独立的通风系统，利用邻近矿井回风，通风设施不全，采区之间违规串联通风；－240 m水平以下均为“独眼井”开采，无安全出口，使用吊箩提升；入井人员未佩带自救器。

④ 重大隐患不治理。2009年8月中旬，该矿机电班班长唐应龙在中间立井－240 m水平检修开关时，就曾发现开关内电缆芯

线端口滴水和三道暗立井电缆漏电，但该矿没有采取措施治理隐患。

⑤ 违规使用国家明令禁止的设备和工艺。各暗立井违规使用调度绞车配自制“吊箩”提升；违规大量使用 DW80 开关、QC83 磁力启动器等淘汰设备；采用巷道式采煤，以掘代采。

⑥ 劳动组织管理混乱。出入井管理不严格，入井作业人数不清，生产作业地点未统一向生产调度室报告下井人员人数，矿灯未进行集中管理，入井和出井人员登记制度执行不严。

第五节　矿井顶板事故

一、安利来煤矿冒顶事故

2012 年 7 月 25 日 18 时 26 分，位于贵州省黔西南州普安县境内的湖北宜化安利来煤矿 11806 掘进工作面距迎头 49 m 处发生冒顶，造成 5 人被困；事故发生后，该矿隐瞒不报，自行组织抢救。7 月 26 日 14 时 15 分，在距第一次冒顶处向外 35 m 处又发生第二次大面积冒顶，造成参与抢险救援的 153 人中的 53 人被困。7 月 26 日 14 时 25 分，经群众举报，当地政府组织全力救援。至 7 月 26 日 20 时 30 分，第二次冒顶被困的 53 人全部成功救出；29 日 19 时 27 分，第一次冒顶被困 97 小时的 5 名矿工也全部成功获救。这起事故抢险救援是十分成功的，但教训也十分深刻。

该矿隶属于湖北宜化集团贵州宜化控股公司新宜矿业（集团）有限公司，证照齐全。发生事故的 11806 掘进工作面采用综掘机掘进，已掘长度 516 m，支护方式为锚网加钢带。

据初步分析，事故原因为：安利来煤矿 11806 运输巷处于巷道应力集中区域，巷道支护设计不合理，施工质量不合格，现场管理不到位，顶板冒落，导致作业人员被困。该事故暴露出的主要问题：

（1）企业安全意识淡薄，对顶板管理存在的严重问题认识不足，现场施工未按规程作业且质量较差，整个巷道没打锚索，部分工字钢棚既无撑木又无拉杆，未形成整体支护功能。

（2）没有采取有效措施治理存在的重大隐患，在存在多处严重片帮、巷道超宽无支护的情况下，未采取有效措施治理，冒险施工作业，严重违规违章。

（3）技术管理薄弱，巷道基本布置在上层煤柱之下，且不采取加固措施；地质情况发生重大变化后未修改作业规程等。

（4）该矿违法瞒报事故。

（5）盲目组织施救，第一次冒顶后，没有采取保障救援人员安全的措施，盲目组织大量人员施救，造成53名施救人员被困，险些造成重大人员伤亡。

当前，一些煤矿仍然存在采掘机械化程度低、支护设计不合理、支护方式落后、违章空顶作业等突出问题，顶板事故多发。近年来，顶板事故死亡人数一直占全国煤矿事故总死亡人数的30%以上。为进一步加强煤矿顶板管理，遏制同类事故再次发生，从本次事故中吸取如下教训：

（1）全面加强煤矿安全生产工作。各地区、各有关部门和煤矿企业要深入贯彻落实中央领导同志近期关于加强安全生产工作的一系列重要指示和全国煤矿安全生产经验交流现场会、全国安全生产（季度）视频会精神，清醒认识当前煤矿安全生产形势，牢固树立安全生产工作只有起点、没有终点的思想观念，坚持从零做起、常抓不懈，把各项工作抓严、抓实、抓细、抓好。尤其要按照国务院关于集中开展安全生产领域“打非治违”专项行动的统一部署和国家安全生产监督管理总局的要求，进一步提高认识、坚定信心，加强领导、狠抓落实，不留盲区、不留死角，严厉打击各类非法违法生产经营建设行为，坚决治理纠正违规违章行为，及时发现和整改安全隐患，始终保持高压态势，促进煤矿安全生产形势持续稳定好转。

(2) 强化技术管理，合理选择支护方式和参数。煤矿企业要高度重视顶板管理工作，明确分管负责人和分管业务部门，配备足够的专业技术人员，健全完善有关规章制度，明确岗位责任。要加强矿井地质勘探和矿压观测工作，掌握煤层赋存情况、地质构造、顶底板岩性、煤岩物理力学参数和矿压显现规律，做好采区地质情况的预测预报工作，为顶板管理提供基础资料。要按照《煤矿安全规程》和技术规范，根据所采煤层顶底板岩性和矿压显现规律，制定采掘工程支护设计方案，确定相应的支护方式和支护参数；条件发生变化时，要及时进行调整。对于应力集中区，要采取增加支护强度的有效措施。

(3) 强化现场管理，严格落实顶板管理安全技术措施。煤矿企业采掘工作面、巷道维修工程要制定作业规程和安全技术措施，遇有过老巷、煤柱、地质构造破碎带等特殊情况时，要及时补充制定安全技术措施，并按规定审批、实施。采用锚杆、锚索、锚喷支护的巷道，要加强对支护质量的检查，确保锚杆、锚索的材质、拉力和预紧力、喷层厚度和强度符合作业规程规定。要加强巷道顶底板移近量的观测工作，防止因锚杆、锚索支护质量问题引发巷道冒落。要加强对作业人员顶板管理知识的教育培训，增强防范顶板事故的意识和能力，严格执行敲帮问顶制度，严禁空顶作业。事故发生后，要科学安全组织抢险救援，严防发生次生事故。

(4) 切实加大煤矿事故和瞒报行为的查处力度。事故发生地有关部门要积极配合驻地煤矿安全监察机构按照“四不放过”和“科学严谨、依法依规、实事求是、注重实效”的原则，严肃查处事故，严格追究责任。对涉险事故，也要按照有关规定和要求，进行严肃查处，并认真分析原因，吸取事故教训。对瞒报、谎报、迟报事故行为的责任人员，要综合运用法律、经济和行政等手段，依法加大处罚力度。要严格执行事故通报、约谈、分析和跟踪督导“四项制度”，落实各项安全措施，防范同类事故发生。

二、清水二井煤矿顶板事故

2012 年 5 月 20 日，辽宁省沈阳焦煤有限责任公司清水二井煤矿发生一起顶板事故，造成 12 人被困，其中 3 人获救、9 人死亡。该矿为国有重点煤矿、生产矿井，核定生产能力 90 万 t/a。据初步分析，事故原因是：该矿南二采区 07 工作面运输平巷掘进时采用锚杆、锚索挂网喷浆支护，但锚索支护不及时；因遇到地质构造带顶板压力增大，原有支护方式强度不够，该矿决定采用架棚（架设 36U 型钢可缩支架）方式加强支护，但施工时未采取有效的安全技术措施，发生大面积冒顶，导致事故发生。

1. 事故的直接原因

南二采区 07# 运输平巷掘进巷道穿过地质构造带，锚网联合支护强度不足，在架设 U 型钢支架加强支护过程中，顶板发生大面积冒落，将作业人员砸埋致死。

2. 事故的主要原因

（1）煤矿管理人员对遇地质构造加强支护措施重视不够，对顶板变形下沉和“响煤炮”等矿山压力显现重视不足，没有及时采取措施控制顶板。

（2）掘进作业规程规定锚索支护滞后工作面，喷浆支护滞后工作面，距离过长缺乏依据。

(3) 劳动组织不合理，人员过于集中，作业人员安全意识差，无临时支护破网挑顶作业诱发事故发生。

3. 对煤矿及事故有关责任人员的处理

对沈阳焦煤有限责任公司清水二井煤矿罚款 50 万元。

这起事故处理事故责任者 18 人：行政处分 13 人(其中撤职 3 人)；建议党纪处分 5 人(其中 3 人并处)；行政罚款 13 人(其中 10 人并处)，合计罚款 22 万元

4. 事故教训

这次事故暴露出一些煤矿企业顶板管理基础薄弱、支护方式落后、支护强度低、井巷支护过程安全措施不落实等突出问题。为进一步加强顶板管理，遏制煤矿顶板事故的发生，从本次事故中吸取教训如下。

(1) 加强顶板安全管理工作。煤矿企业要加强矿井地质勘探和地质资料的分析研究，加强矿压观测工作，掌握煤层赋存情况、地质构造、顶底板岩性和矿压显现规律，为顶板管理提供基础资料。要根据煤层顶底板岩性和矿压显现情况，合理制定采掘工程支护设计和作业规程，确定相应的支护方式和支护参数。遇有穿过老巷、煤柱、地质构造破碎带等特殊情况时，要及时加强支护，完善安全技术措施，并按规定审批、实施。要严格执行敲帮问顶制度，严禁空顶作业。要加强采掘布置，严禁“楼上楼”开采。

(2) 坚决淘汰落后支护方式和工艺。煤矿企业要严格落实国家安全生产监督管理总局、国家煤矿安全监察局发布的《禁止井工煤矿使用的设备及工艺目录(第二批)》(安监总煤装[2008]49 号)的相关要求，及时淘汰落后的支护方式和工艺，采煤工作面严禁使用木支柱和金属摩擦支柱支护。同时，要积极推广应用顶板支护新技术、新工艺、新材料，要针对“三软”煤层、复合顶板、破碎顶板

等井巷的实际情况，确定支护方式，提高支护强度和质量。地方各级煤炭行业管理部门和煤矿安全监管部门要大力推进煤矿企业支护方式改革，推广应用顶板管理的先进适用技术。

（3）切实加强井巷维修工作。煤矿企业必须及时进行井巷维修。维修井巷支护时，必须严格执行安全技术措施，并加强现场管理，设置防护栅栏和警示标志，严防顶板煤岩冒落伤人、堵人。进行井巷维修和更换支护设施时，要随时检查顶帮及支护情况，先采取临时支护，严禁在未采取临时支护的情况下擅自拆除原有支护。修复旧井巷前，必须严格执行瓦斯检查制度。维修独头巷道时，必须由外向里逐架进行，严禁分段整修、边掘边修。

（4）切实加大煤矿事故查处力度。事故发生地有关部门要积极配合驻地煤矿安全监察机构按照“四不放过”和“科学严谨、依法依规、实事求是、注重实效”的原则，严肃事故查处，严格责任追究。要及时向社会公布事故调查处理结果，自觉接受社会和舆论监督。要严格执行事故通报、约谈、分析和跟踪督导“四项制度”，认真吸取事故教训，防范同类事故发生。

第六节　运输事故

一、宏发煤矿“2·16”重大运输事故

2012年2月16日0点30分，湖南省衡阳市耒阳市宏发煤矿发生一起重大运输事故，造成15人死亡、3人重伤。

1. 事故情况

该矿为个体私营企业，证照齐全，属低瓦斯矿井。该矿通过耒阳市煤炭局组织的复工验收（耒阳市政府规定先复工验收、后复产验收），允许开展井下巷道维修、设备维护等工作。初步分析，事故

的直接原因是:该矿违规使用矿车在斜井(坡度28°)运送人员,且运料车与乘人矿车混挂(4节载人矿车在前,4节料车在后),运行中第2节与第3节料车连接绳套(用钢丝绳和绳卡子自制的绳套)拉脱,导致2节料车和4节矿车跑车。事故暴露出的直接问题有以下几个方面。

(1) 严重违规使用矿车运送人员且与料车混挂。

(2) 违规挂车8节(超规定)。

(3) 违规使用自制钢丝绳绳套替代连接装置,且井筒中未设置防跑车的挡车装置。

(4) 串车未挂保险绳。

2. 事故教训

据初步了解,该矿存在借复工维修之名组织生产、多井筒出煤、新招员工未经培训下井等问题,这是一起严重违规违章造成的重大责任事故,损失惨重,影响恶劣。为深刻吸取事故教训,切实加强煤矿安全生产工作,特提出以下要求。

(1) 切实抓好煤矿复产验收工作。地方各级煤矿安全监管、煤炭行业管理部门和各驻地煤矿安全监察机构要密切配合,在地方政府的统一领导下,进一步研究完善煤矿复产验收工作方案,做到严格有序恢复生产建设。要严把验收质量关,坚持"谁验收、谁签字、谁负责",对不符合条件的不得批准复产。停产放假或停产检修的煤矿企业要落实停产或检修期间的安全措施;企业申请复产时,必须经过地方有关部门逐级验收审批合格,方可恢复生产;恢复生产、建设时,煤矿必须制定安全保障技术措施,保证各个系统正常运转。要严防煤矿企业以复工维修名义,违法组织生产。

(2) 严厉打击非法违法行为。各地区要进一步完善和落实地方政府统一领导、相关部门共同参与的联合执法机制,加强对煤矿企业的日常执法、重点执法和跟踪执法，始终保持高压态势，形成严厉打击非法违法行为的工作合力。对存在非法违法行为的矿井要切实做到“四个一律”，即对非法生产经营建设和经停产整顿仍未达到要求的，一律依法关闭取缔；对非法违法生产建设的有关单位和责任人，一律按规定上限予以处罚；对非法违法生产建设的单位，一律依法责令停产整顿，并严格落实监管措施；对触犯法律的有关单位和人员，一律依法严格追究法律责任。

（3）加强煤矿运输安全管理。所有煤矿企业要高度重视运输安全管理工作，立即开展有针对性的大检查。矿井要完善提升运输系统的各类安全保护装置，主要提升装置必须严格按照《煤矿安全规程》的规定，装设保险装置和后备保护装置，运行时严禁甩掉保险装置。各种保险装置必须动作灵敏、性能可靠。斜井提升连接装置必须装设保险绳，确保安全可靠。斜井井巷中防跑车与跑车防护装置等安全设施必须齐全、完善，提升时严格执行“行车不行人、行人不行车”的规定。必须采用专用乘人装置运送人员，严禁使用矿车、材料车等运送人员；用人车运送人员时，严禁附挂物料车，严禁提升运输设备超负荷或带病运转，严禁使用不合格产品。

（4）切实加大安全培训力度。各煤矿企业要落实安全培训责任，加大培训力度，对全体煤矿职工特别是农民工（包括劳务工、轮换工、协议工、季节工等）进行严格的安全培训，使职工掌握安全操作技能和强制性标准、安全生产规章制度和劳动纪律以及应急避险等安全逃生设备设施的使用和维护等知识。煤矿企业必须按照有关规定要求，坚持全员培训，明确培训内容，确保培训时间，培训考核不合格者，一律不得上岗作业。相关部门要对煤矿企业职工特别是井下农民工的培训情况进行监督检查，发现未经培训上岗或培训不符合要求的，责令限期改正；逾期未改正的，依法责令煤矿企业停产整顿。

(5) 切实加大事故查处力度。事故发生地有关部门要积极配合驻地煤矿安全监察机构按照“四不放过”和“科学严谨、依法依规、实事求是、注重实效”的原则，严肃事故查处，严格责任追究。对非法违法生产建设行为引发的煤矿事故，要综合运用法律、经济和行政等手段，依法加大责任追究力度。要及时向社会公布事故调查处理结果，自觉接受社会和舆论监督。要严格执行事故通报、约谈、分析和跟踪督导“四项制度”，着力用事故教训推动煤矿安全生产工作。

二、花草滩煤矿“9·6”重大运输事故

2012 年 9 月 6 日 18 时 06 分，甘肃省张掖市宏能煤业公司花草滩煤矿副立井井筒套内壁作业过程中，距井底 236.4 m 处的辅助盘发生倾斜、侧翻，导致在两个辅助盘上作业的 10 名工人坠井后全部遇难，直接经济损失 501.468 万元。

1. 事故单位概况

(1) 建设单位概况

张掖市宏能煤业有限公司隶属甘肃丰汇矿业有限责任公司，该公司为民营企业，注册资金为 3 亿元，目前正在建设的项目有花草滩煤矿、花草滩选煤厂，是张掖市招商引资重点项目。其中花草滩煤矿位于张掖市山丹县，距山丹县城约 43 km，行政划分属山丹县老军乡。

(2) 施工单位概况

黑龙江龙煤矿山建设有限公司在黑龙江省鸡西市注册，资质等级为矿山工程施工总承包一级。其主要经营范围有矿山施工，工厂生产设施，设备的施工与安装(锅炉除外)、房屋工程建筑等。

花草滩煤矿建设项目由黑龙江龙煤矿山建设有限公司二十二处施工。

(3) 监理单位概况

煤炭工业济南设计研究院有限公司在山东省济南市注册，于2002年7月16日经建设部审查核定为监理甲级资质，监理范围覆盖矿山、房屋建筑、市政、电力、机电安装等。

(4) 建设项目概况

花草滩煤矿为新建矿井，该建设项目经甘肃省发展和改革委员会批准立项，由煤炭工业济南设计研究院设计，《矿井开采方案初步设计》经甘肃省发展和改革委员会批准，《矿井开采方案初步设计安全专篇》经甘肃煤矿安全监察局批准，并办理了环评等有关手续。通过公开招标，确定了建设项目工程施工单位和监理单位。该项目于2012年3月22日开工建设。

花草滩煤矿建设工程有五个工程项目部，其中花草滩煤矿主、副井掘砌工程项目由黑龙江龙煤矿山建设有限公司二十二处承建，监理项目由煤炭工业济南设计研究院有限公司负责，由甘肃省煤炭质量监督管理站负责工程质量监督。

花草滩煤矿设计可采储量为4 710.96万t，设计生产能力90万t/a，设计服务年限为40.3年。设计采用双立井开拓方式，冻结法施工，设计主井深531 m，净直径5.5 m；副井深549 m，净直径6.5 m。矿井采用中央并列式通风方式，主井进风，副井回风。

(5) 事故地点概况

事故发生在副井筒距井口211.6 m的2层辅助盘至448 m的井底内。

副立井采用钢筋混凝土浇筑支护。冻结段采用外壁内壁双层加强支护，外壁掘砌和基岩段掘砌均采用自上而下短段掘砌混合作业方式，断面净直径 7.5 m，钢筋砼浇注厚度 1 m。截至 2012 年 8 月 7 日已施工 448 m，当日开始套内壁作业施工，采用金属块模倒模法，内壁钢筋砼浇注的作业方式，事故发生前，已从井底向上施工 236.4 m，套内壁后净直径 6.5 m。地面架设局部通风机，自井口向下压风至 205 m 处，以下无供风设施。副立井采用多绳提升，副立井北南两侧各安设主、副绞车单钩提升。副绞车提升人员、模板和下放钢筋等材料，主绞车下放砼，井底积有 4 m 深的养护淋水。

副井井下吊盘直径 6.2 m，层间距 4 m，用 10 根（中间 4 根、周围 6 根）250 槽钢焊接连接，稳绳兼罐道绳 4 根。为加快施工进度，施工方在吊盘底部连接两个辅助盘，吊盘、上辅助盘、下辅助盘均使用 4 根钢丝绳软连接。上辅助盘距离吊盘 10 m，用于绑扎钢筋、组模和放砼，下辅助盘距离上辅助盘 10.3 m，用于卸模和洒水养护，多项施工工艺同时作业。吊盘安设有 1 部矿用防爆通讯电话机 4 个信号器。上辅助盘通过 10 m 长的铁丝与吊盘信号器连接作为上辅助盘的信号装置。

提升模板时，用 4 根钢丝绳固定装模板的吊筐四角，通过一根长 12 m 的钢丝绳与吊桶底部连接。提升时吊桶带动吊筐上升，通过上辅助盘的南侧提升孔到达上辅助盘。

2012 年 8 月 21 日，该立井发生过一起吊筐刮擦辅助盘的涉险事故，8 月 23 日召开班前会口头要求在用吊筐提升模板前井下信号工必须先电话通知井口信号房。

2. 事故发生经过

2012 年 9 月 6 日 11 时 30 分，施工队长李武斌组织召开班前会，参加班前会的人员有班长刘占发（兼辅助盘信号工）、工人张艳清（吊盘信号工）、盛五盈（放料工）、韩世峰、李涛、王具芳、姬大伟、周世军、田旭、陈永祥、曹伟欣、吕彦辉、乔百柱、刘世金、马培军、郭增良、王建业、张雄、杨振亮共 19 人。会后施工人员相继入井到达吊盘，班长刘占发安排张艳清、盛五盈 2 人在吊盘发信号和放砼，刘占发、韩世峰、李涛、王具芳、姬大伟、曹伟欣、乔百柱、刘世金、郭增良、王建业、张雄、杨振亮 12 人在上辅助盘组模，吕彦辉、田旭、陈永祥、周世军、马培军等 5 人在下辅助盘拆模板，随后施工人员进入各自岗位开始作业。17 时左右，刘占发安排盛五盈下到上辅助盘帮助组模，张艳清一人在吊盘发信号兼放砼。

18 时，刘占发在未给井口信号房打电话的情况下，直接发快提信号给井口信号房提升装有模板的吊筐，绞车运行后刘占发又连续发了 2 次快提信号，在吊筐接近提升孔时速度突然加快，摇摆上升的吊筐挂住上辅助盘并使之倾斜，同时带动下辅助盘倾斜。在上辅助盘的刘占发发现异常立即发出停车信号，并和韩世峰、李涛、王具芳、郭增良、王建业、张雄、杨振亮等 7 人爬到绑扎好的钢筋架和安装好的模板上。井口信号工石晓娟接到急停信号后，马上给绞车房发了慢提和急停的信号(施工方规定绞车运行后要停车必须先发慢提信号后发急停信号)，绞车司机马小建接到信号后立即停车，但此时吊筐已经挂带辅助盘向上运行了 7～8 m，致使上、下辅助盘倾斜侧立，导致未挂安全带在上辅助盘的 5 名工人和下辅助盘的 5 名工人坠落井底。

3. 事故性质

经过调查取证、救护队现场侦察，技术认定和综合分析，认定该起事故是一起责任事故，类别为其他事故。

4. 事故原因

(1) 直接原因

副井套内壁施工作业过程中，信号工误传信号，在提升装有模板的吊筐时，吊筐挂带上辅助盘南侧提升孔上升，导致两层辅助盘倾斜侧立，致使在辅助盘上作业的10名工人坠井。

(2) 间接原因

① 技术管理薄弱。施工方未严格按照设计组织施工，变更施工组织设计未按程序上报。加装辅助盘套内壁作业未编制作业规程，安全技术措施的编制存在缺陷，技术措施审核审批把关不严。两层辅助盘、吊筐及其连接装置为施工方自行加工，对施工工艺和设备设施的安全可靠性考虑不够，对卸模、安模、绑扎钢筋、注砼等多项施工工序平行作业可能产生的事故隐患认识不到位。提升模板时吊筐未直接与绞车钢丝绳钩头连接，而是违章与吊桶底部连接，提升时不可避免发生摇摆。提升孔未采用喇叭口导向，在吊筐提升摇摆时不能纠偏。未及时调整安全带生根位置，任由作业人员安全带无根施工。

② 提升信号不可靠。未按照规定在辅助盘设置声光信号，辅助盘信号工用铁丝拉打吊盘信号器时无法判断所发出信号的准确性。井下无直接发给绞车司机紧急停车的信号，导致吊筐顶到吊盘时不能立即停车。套壁作业时吊盘上升活动频繁，绞车的深度指示器标识的吊盘位置随时变化调整，导致绞车司机对吊盘的所在位置判断不准确，井下吊盘未安设视频探头，绞车司机只能听从信号开停绞车，无法完整了解吊桶及吊筐通过提升孔的运行状态。

③ 安全管理制度落实不到位。施工单位未严格落实安全主体责任，在井下作业现场未按照规定安排专职安全员和信号工，未严格落实矿领导带班下井制度和隐患排查治理制度。对井下作业人员未按规定佩戴安全带的行为未加制止，对提升信号不可靠的事故隐患未及时采取有效措施予以消除。建设单位未严格落实安全管理责任，矿长及部分管理人员未持证上岗，未督促施工方及时

整改存在的事故隐患。监理单位未严格落实安全监理责任，部分监理人员无证上岗，对施工单位安全管理工作监理不到位。

④ 现场管理混乱。施工方副井作业现场无专职信号工、安全员和带班矿领导，随意调配特殊岗位人员，作业人员随意顶班替班，劳动组织混乱。建设方和监理方对施工现场安全监督管理不到位，对作业人员未按规定佩戴安全带，井下未按规定安设信号装置的事故隐患未及时整改，对施工方未按施工组织设计施工未予制止。

⑤ 职工教育培训不到位。职工的培训时间和培训内容均达不到要求，部分新工人未经培训即下井作业；安全技术措施贯彻不到位；部分特殊工种无证上岗，特殊岗位单人单岗；从业人员安全意识淡薄，未按规定佩戴安全带，违章作业现象突出。

⑥ 安全防范意识不强。对8月21日发生的同类涉险事故未引起高度重视，发现事故隐患后未编制补充安全技术措施。非专职井下信号工在模板提升时未执行“先电话、后信号”的要求，未在吊筐提起适当高度后发暂停信号进行稳筐。

⑦ 地方政府及监管部门在落实安全生产工作方面存在差距。山丹县煤炭安全生产监督管理局煤矿相关技术力量薄弱，监管工作不够深入，检查工作不够细致。张掖市安全生产监督管理局对山丹县相关部门未正确履行职责监督管理不够。

5. 事故防范和整改措施

(1) 立即对存在重大隐患的关键部位和环节进行整改。立即停止采用挂设二层辅助盘的作业方式；严禁使用吊筐悬挂在吊桶底的提升方式；各提升容器安全间隙、吊筐与其提升孔最大外缘之间的安全间隙要满足安全升降的要求，钢丝绳要处于安全完好状态；要进一步完善改进矿井提升信号系统，辅助盘必须增加专门的信号系统，井下所有水平、吊盘和辅助盘必须加设直接通往地面绞车房的紧急停车信号，井下关键部位必须加设视频监控探头；及时调整安全带生根位置，加强对悬空作业人员加挂保险带、佩戴自救器等的监督检查。

(2) 切实加强煤矿建设项目的安全管理。要严格落实煤矿建设项目安全责任，建设单位必须全面负起安全管理职责，对项目施工相关单位进行统一协调管理；施工单位必须落实煤矿建设施工安全的主体责任；监理单位对煤矿安全施工承担全面的监理责任，对存在事故隐患的，应当要求立即整改并向建设单位及时报告。

(3) 严格现场管理和技术管理。严格落实煤矿领导带班下井制度，规范各种安全规程、作业规程和操作规程的制定、审批和实施，保证各项制度和措施落实到位；制订科学合理的施工进度计划，严禁抢工期、赶进度。

(4) 加强职工安全培训。进一步落实"三项岗位人员"持证上岗制度，加强职工教育培训，督促从业人员熟悉有关安全生产规章制度和安全操作规程，提高安全防范意识，强化自我保安能力。

(5) 进一步强化政府安全生产监管。加大对煤矿建设项目的监督检查力度，促进隐患排查治理，坚决防止重特大事故的再次发生。

第七节　冲击地压事故

2011 年 11 月 3 日 19 时 18 分，义马煤业集团股份有限公司(以下简称"义煤集团")千秋煤矿发生重大冲击地压事故，造成 10 人死亡、64 人受伤，直接经济损失 2 748.48 万元。

1. 千秋煤矿基本情况

(1) 矿井概况

千秋煤矿是义马煤业集团股份有限公司(上市公司名称:河南大有能源股份有限公司)骨干矿井之一,位于河南省义马市南 1~2 km,始建于 1956 年,1958 年简易投产,矿井设计生产能力 60 万 t/a,1960 年达到设计能力,经过多次技术改造,2007 年核定矿井生产能力为 210 万 t/ a。矿井"六证"齐全有效,现主要开采侏罗纪 2-1、2-3 煤,属长焰煤种。2010 年矿井瓦斯等级鉴定为低瓦斯。煤尘具有爆炸危险性,属于易自然发火煤层。目前开采水平为二水平。该矿为冲击矿压严重矿井。

矿井采用立井、斜井、上下山混合式开拓方式,通风方式为混合抽出式。安装有 KJ95N 型安全监控系统、KJ282 型人员定位系统,还建有瓦斯抽放系统、冲击地压预测预报系统、压风系统、供水防尘系统、防灭火系统等。

(2) 开采技术条件

该矿井田含煤地层为侏罗纪义马组,主要可采煤层为 2-1 煤、2-3 煤。两层煤合成一层称为 2 煤。2-1 煤在井田内大部分可采,煤层倾角 3°~13°,全层厚 0.14~7.40 m,平均厚度 3.6 m。煤层结构较为复杂,含夹矸 1~4 层,稳定夹矸两层,其中一层矸厚 0.4 m,为细粒砂岩,对回采有较大影响。2-3 煤层厚度 0.20~7.73 m,平均厚 4.21 m,两层煤合并后厚 3.89~11.10 m。

2-1 煤、2 煤顶板为泥岩,厚度 4.4~42.2 m,平均厚度 24 m。岩性致密、均一、裂隙不发育,由东向西逐渐加厚,属一级顶板。2-3 煤顶板岩性以中砂岩为主,局部为粉砂岩或泥岩,厚 0~27 m,属中等稳定二级顶板。2 煤、2-3 煤底板岩性复杂,由砾岩、砂岩、粉砂岩、泥岩及含砾相土岩组成,厚度 0.3~32.81 m。当煤层底板为砾岩、砂岩时，巷道底板比较稳定，无底鼓现象，若底板为含砾黏土岩泥岩、煤矸互叠时岩性遇水易膨胀，随开拓、回采推进矿井压力增大，底鼓问题较为严重。距 2 煤层顶板 210 m 处存在巨厚(550 m)坚硬砾岩层，21221 工作面下巷穿过 2-1 煤和 2-3 煤合并带，煤层厚度变化大，原岩地应力高。

2. 事故经过

2011 年 11 月 3 日四点班，千秋煤矿当班共入井 415 人。其中，21221 下巷掘进工作面当班为检修班，作业人员 72 人，有掘一队、掘二队、开二队、防冲队及安检、瓦检等流动人员，主要进行防冲卸压工程、防火工程、巷道加强支护和清理等工作。

掘一队队长何建民安排当班 19 人在 21221 下巷 600 m 以里作业，任务是支 6 根大立柱。掘二队队长李伟民安排当班 16 人在 21221 下巷 540～560 m 段落底、支大立柱。开二队队长李运星安排当班 17 人在 21221 下巷 470 m 以里支大立柱，当班工作量为 8 根。防冲队当班 12 人，队长葛素河安排 11 人在 21221 下巷掘进头施工卸压孔，1 人负责开泵、巡查管路。安检科 2 人、防冲科 2 人在 21221 下巷检查。其他流动岗 4 人(1 名抽放工、2 名瓦检工、1 名爆破工)巡查作业。

事故发生时，有 2 人离开 21221 下巷(掘二队跟班领导刘付清、开二队跟班副队长刘会强在 21221 下巷外口协调运料工作)，另有 5 人进入 21221 下巷(在二水平西大巷施工的开三队有 3 人到 21221 下巷借取锚索张拉器，开二队、掘二队送班中餐各 1 人)。事故发生时共有 75 人在 21221 下巷内，当班跟班矿领导丁洪伟(千秋矿党委副书记)正走在东大巷内，准备乘缆车到 21 区各工作面巡查。

事故发生前，21221 下巷作业人员没有发现冲击地压征兆。

11月3日19时18分，21221下巷冲击地压突然瞬时爆发，形成3.5×10^8 J巨大能量释放，导致严重灾害。

2011年11月3日19时22分，开二队跟班副队长刘会强在21221下巷口注水泵站处向调度室汇报21221下巷响了一声煤炮，声音比较大，巷内煤尘大，什么也看不清楚。调度室值班人员立即通知安检员进去查看情况，并通知防冲科派人去现场查看情况。经现场落实，21221下巷380 m以里变形严重，人已进不去，风筒部分脱落，安检员立刻向调度室汇报。19时45分左右，矿调度室向义煤集团公司报告，21221下巷掘进工作面发生冲击地压事故。21时10分，义煤集团公司先后向河南省省直有关部门及三门峡市进行了报告。

3. 事故原因和性质

（1）事故直接原因

本矿区煤层顶板为巨厚砂砾岩(380～600 m)，事故发生区域接近落差达50～500 m的F16逆断层，地层局部直立或倒转，构造应力极大，处在强冲击地压危险区域；煤矿开采后，上覆砾岩层诱发下伏F16逆断层活化，瞬间诱发了井下能量巨大的冲击地压事故。

（2）事故间接原因

① 该矿对采深已达800 m、特厚坚硬顶板条件下地应力和采动应力影响增大、诱发冲击地压灾害的不确定性因素认识不足。采取的煤层深孔卸压爆破、超前卸压爆破、煤层深孔注水、大直径卸压钻孔、断底卸压爆破和断顶卸压爆破等措施没能解除冲击地压危险。

② 该矿21221下巷没有优先采用O形棚全封闭支架支护。这次冲击地压事故能量强度在10^8 J级别。虽然开展了大量科学研究工作，采取了防冲措施，但现有巷道支护形式不能抵抗这次冲击地压破坏。

③ 事故当班有 75 人同时在 21221 下巷作业，违反该矿防冲专项设计中“21221 下巷作业人员不得超过 50 人”的规定。

(3) 事故性质

经调查认定，义煤集团千秋煤矿“11·3”重大冲击地压事故是一起责任事故。

4. 防范措施及建议

(1) 千秋煤矿要重新核定生产能力，压减产能规模，保持采掘平衡和合理开采强度，确定适合自己矿井实际情况的预测预报指标体系，实现冲击地压的实时预警。

(2) 千秋煤矿西翼采区煤层顶板坚硬、厚度大，并且 F16 断层为一具有活化特征的逆断层，在此条件下厚煤层冲击地压防治具有特殊性。因此，建议暂停千秋煤矿 21 采区西翼下部煤层的开采。对于义煤集团类似条件的采区，均需对防冲措施的有效性进行评价，着力从技术上解决防冲问题。

(3) 针对本矿区冲击地压与地质构造活化有密切关系这一事实，需进一步加强义马煤田的地质构造探测与研究，加强上覆岩层运动规律的研究，进一步探索义马煤田特殊地质条件、岩层移动与冲击地压的关系，切实加强本矿区冲击地压灾害研究。

(4) 要加大安全投入，加快煤矿“六大系统”建设，加强职工安全教育培训，切实提高应急处置能力和安全生产保障水平。在冲击地压危险区域，最大限度减少作业人员，严格控制进入冲击危险区域人数。

(5) 进一步加强安全监管。随着河南省煤矿开采深度加深，矿井条件的不断变化，事故隐患越来越多，对于一些没有安全保障能力的矿井、采区、采煤工作面、掘进工作面，由专家进行安全评估和分析，落实综合治理措施，坚决做到不安全不生产。

实践总结与提高 5

本矿事故教训或惊险瞬间回顾

本章选取了最近发生的具有典型代表性的瓦斯爆炸、煤与瓦斯突出、水灾、火灾、顶板灾害、运输、冲击矿压等方面的灾害事故。学习了以上最近两年发生的几起典型煤矿安全事故后，你的心情是怎样的？沉重？恐惧？你们矿最近两年发生过煤矿安全事故吗？没有当然是好的，如果有我们应该吸取哪些教训呢？但是，最近两年肯定在你生产过程中肯定发生过那些险些造成事故的惊险瞬间，我们对此又应吸取哪些教训呢？请学员把这些教训总结在表 5-1 中。

表 5-1　　本矿事故教训或惊险瞬间回顾

1. 煤矿安全事故教训：   2. 惊险瞬间教训：